W0292449

DER SALZBURGER PRESSEFOTOGRAF
FRANZ KRIEGER (1914–1993)

Bildberichterstattung im Schatten
von NS-Propaganda und Krieg

Peter F. Kramml und Roman Straßl

DER SALZBURGER PRESSEFOTOGRAF FRANZ KRIEGER (1914–1993)

Bildberichterstattung im Schatten von NS-Propaganda und Krieg

Schriftenreihe des Archivs der Stadt Salzburg 24

Biografische Information Der Deutschen Bibliothek
Die Deutsche Bibliothek verzeichnet diese Publikation
in der Deutschen Nationalbibliografie;
detaillierte bibliografische Daten sind im Internet über
http://dnb.ddb.de abrufbar.

ISBN 978-3-900213-30-5

Schriftenreihe des Archivs der Stadt Salzburg
Herausgeber: Stadtarchiv und Statistik Salzburg
Schriftleitung: Peter F. Kramml

Bildnachweis: Stadtarchiv Salzburg, Fotoarchiv Franz Krieger

Grafische Gestaltung: graficde'sign. pürstinger Salzburg

Lektorat: Silvia Moherndl

Lithos: Repro Atelier Czerlinka, Siezenheim

Druck: Samson Druck GmbH

Copyright © by Stadtgemeinde Salzburg

2., überarbeitete Auflage

Salzburg 2016

Umschlagvorderseite: Marlene Dietrich am Residenzplatz, August 1937;
Blick vom Glockenspiel auf den Residenzplatz, 1. Mai 1938.
Umschlagrückseite: Franz Krieger als Kameramann 1935 und Bildberichter 1945;
Adolf Hitler am Residenzplatz, 6. April 1938.

VORWORT

Der Salzburger Geschäftsmann Dkfm. Franz Krieger (1914–1993) hat ein umfassendes fotografisches Werk hinterlassen, das zeitlich mehr als sechs Dezennien und damit die Zwischenkriegszeit, den Zweiten Weltkrieg und die Zeit von Wiederaufbau und Wirtschaftswunder umspannt. Franz Krieger war als Fotograf in mehrfacher Weise ein Pionier und zugleich für viele Jahre eine singuläre Erscheinung in der Stadt Salzburg. Bereits in Jugendjahren ein äußerst erfolgreicher Foto-Amateur, zählte er nach seinem Studium zu den frühesten Vertretern des Faches Bildjournalismus und zugleich zu den ersten „Bilderjägern", die unbemerkt Schnappschüsse prominenter Persönlichkeiten machten. Der junge Diplomkaufmann wurde freier Bildreporter und im Jahr 1938 erster ständiger gewerblicher Pressefotograf in der Stadt Salzburg.

Der Einstieg in die Berufsfotografie fiel zeitlich mit der Machtübernahme der Nationalsozialisten zusammen, unter deren Herrschaft die Pressefotografie als Medium der Selbstinszenierung eine bedeutende Rolle spielte. Franz Krieger nutzte dies als berufliche Chance und dokumentierte als einziger im „Reichsgau Salzburg" tätiger Pressefotograf im „Reichsverband der deutschen Presse" bis zum Sommer 1941 sämtliche aktuellen Ereignisse, vom Spatenstich des „Führers“ für den Bau der Reichsautobahn über die einzige Bücherverbrennung in Österreich bis hin zu den „Salzburger Kriegsfestspielen 1941“. Als Bildberichterstatter arbeitete er für Salzburger Tageszeitungen, das Gaupresseamt und auch für das Reichspropaganda-Amt und avancierte so zum „Gaubildberichterstatter“.

Ab August 1941 wurde Franz Krieger in einer Propagandakompanie zum Kriegsberichterstatter ausgebildet und an der Ostfront mit den Kriegsgräueln und dem Leid der jüdischen Bevölkerung konfrontiert. Als Wehrmachtsangehöriger überlebte er durch glückliche Umstände, nicht zuletzt aber auch durch seine fotografischen Kenntnisse, die ihm Sondereinsätze verschafften, den verheerenden Weltkrieg. Seine Frau und seine Tochter fanden aber auf tragische Weise im Bombenhagel den Tod. Franz Krieger musste daher sein Leben nach dem Krieg privat und auch beruflich völlig neu beginnen. Für den Geschäftsmann blieb die Pressefotografie aber sein ganzes Leben lang mehr als nur „Liebhaberei“. Er war bis in das hohe Alter auch als freier Pressefotograf tätig und bewahrte zudem mit seinem Fotoarchiv einen besonderen zeitgeschichtlichen Schatz. Der große inhaltliche

Wert des „Fotoarchivs Franz Krieger" wurde in seiner ganzen Tragweite erst nach der Übergabe an das Salzburger Stadtarchiv und durch die fachgerechte Erschließung der mehr als 35.000 Negative deutlich. Im vorliegenden, 2008 erstmals erschienenen Buch, wurde eine Auswahl aus dem fotografischen Gesamtwerk von Franz Krieger getroffen, die sich inhaltlich an markanten Lebensabschnitten und seinem Wirken als Pressefotograf orientiert. Die Wiedergabe seiner Fotos erfolgt durch Verwendung der erhaltenen Negative, wodurch eine deutlich bessere Bildqualität gewährleistet ist als bei allen früheren Publikationen, die sich mit Positiven, die er als seine „Unikate" zur Verfügung gestellt hatte, begnügen mussten. Die „Geschichten zu den Bildern", die der Fotograf selbst noch erzählen konnte, sind verloren gegangen. Dennoch werden die Fotografien nicht unkommentiert abgedruckt, sondern es soll versucht werden, anhand der Krieger-Abbildungen auch die Geschichte einer bewegten Epoche zu vermitteln. Der tragische Entstehungshintergrund vieler Bildmotive – NS-Propaganda, Vernichtung und Krieg – wird dadurch in Erinnerung gerufen.

Peter F. Kramml und Roman Straßl

FRANZ KRIEGER ALS FOTO- UND SCHMALFILMAMATEUR

DIPLOMKAUFMANN FRANZ KRIEGER, der als erster Salzburger Pressefotograf und Altmeister der Salzburger Pressefotografie im kollektiven Gedächtnis geblieben ist, entstammte einer bekannten Kaufmannsfamilie. Sein Großvater Franz Krieger (1850–1914) hatte 1877 eine Eisen- und Geschmeidewarenhandlung in der Churfürststraße gegründet, ein markanter Firmenstandort inmitten der Altstadt, der für 95 Jahre und durch drei Kaufmannsgenerationen beibehalten wurde. Franz (I.) Krieger war langjähriges Mitglied des Salzburger Gemeinderates, saß im Verwaltungsrat der Salzburger Sparkasse und avancierte 1914, wenige Wochen vor seinem plötzlichen Unfalltod, zum zweiten Bürgermeister-Stellvertreter der Landeshauptstadt. Bereits im Jahr 1907 hatte er sein Geschäft an seinen gleichnamigen Sohn Franz (II.) Krieger übergeben, der im selben Jahr Karoline Lipp, genannt Lina, ehelichte. Franz Krieger (1878–1937) war ein passionierter Waidmann, eine Leidenschaft, die sich auf seinen Sohn übertragen sollte, und zudem ein anerkannter Fachmann für Waffen und Munition. Dadurch entwickelte sich die elterliche Eisenwarenhandlung, zu der auch ein Magazin in der damaligen Marktgasse, der heutigen Wiener Philharmoniker-Gasse gehörte, immer

Die Eisenwarenhandlung von Franz Krieger (II.) in der Churfürststraße um 1910, vor dem Geschäftseingang steht seine Frau Lina.

mehr zu einem Fachgeschäft für in- und ausländische Waffen, für Munition sowie Sprengmittel und Feuerwerkskörper.

AM 11. JANUAR 1914 wurde im zweiten Stock des elterlichen Wohnhauses am Ludwig-Viktor-Platz Nr. 10 (heute Alter Markt 10) ein Stammhalter geboren und auf den Namen Franz Seraph Karl getauft. Franz (III.) Krieger besuchte nach der Volksschule ab 1924 die Bundesrealschule in Salzburg und wurde während seiner Realschulzeit Mitglied des Salzburger Turnvereins und der nationalen, 1904 gegründeten Mittelschulverbindung Ivaria, deren Mitglieder zum violett-rot-goldenen Burschenband olivgrüne Tuchmützen trugen. Sein Vater förderte seine waidmännischen Ambitionen und weckte sehr früh das Interesse des Sohnes für Film und Fotografie. Bereits mit zwölf Jahren war Franz Krieger „Foto-Amateur" und seine am 2. Mai 1929 vom Dach des elterlichen Wohnhauses geschossenen Aufnahmen des Zeppelin über Salzburg waren seine ersten tagesaktuellen Fotos.

Das Magazin der Eisenwarenhandlung in der damaligen Marktgasse, der heutigen Wiener Philharmoniker-Gasse, um 1920. Vor dem Magazin sind der Firmenmitarbeiter Johann Windl, genannt „Schani“, und Franz Krieger zu sehen.

MIT 14 JAHREN erhielt er vom Vater zudem eine 9,5 Millimeter Pathé-Filmkamera und der Jugendliche beabsichtigte nun Kameramann zu werden. Anfang der Dreißigerjahre wurde Franz Krieger Mitglied des wenige Jahre zuvor gegründeten „Klubs der Kinoamateure Österreichs“. 1933, bereits als Student, errang er mit dem Film „Pirschgang im Hochgebirge“ den ersten Preis für den besten österreichischen Landschaftsfilm auf der internationalen Amateurfilm-Konkurrenz in Paris.

KRIEGER HATTE INZWISCHEN mit dem Schuljahr 1931/32 die Bundesrealschule Salzburg abgeschlossen. Der Maturaklasse, der als Klassenvorstand Prof. Dr. Otto Fuchs vorstand, gehörten u. a. auch der spätere Domprediger und Stadtpfarrer von Salzburg-Herrnau Josef Tomaschek und der nachmalige Inhaber von „Stranz u. Scio“, Ludwig Rigaud, an, mit denen Franz Krieger, ebenso wie mit Karl Tomaselli aus der bekannten Cafétiersfamilie, eine enge Freundschaft verband.

Firmeninserat, um 1910.

1932 BEGANN FRANZ KRIEGER sein Studium an der Hochschule für Welthandel in Wien und wurde als Hochschüler Mitglied des NS-Studentenbundes. 1934 verbrachte er einen Studienaufenthalt in England und konnte ein halbes Jahr lang in Sutton Coldfield/Warwicks seine Sprachkenntnisse erweitern. Seine große Leidenschaft für Jazz und die Anfänge einer umfangreichen Sammlung an Schellacks gingen auf diese Englandreise zurück. Im Dezember 1935 schloss Krieger das Studium mit dem akademischen Grad eines Diplomkaufmanns ab. Sein Berufsziel stand aber damals schon fest, er wollte Fotoreporter werden.

Franz Krieger als Chargierter der Mittelschulverbindung Ivaria.

Jugendbild Franz Kriegers, gezeichnet von M. Neuböck in Lussingrande, heute Veli Losinj, 1931.

Franz Krieger als Maturant, fotografiert am Dach des elterlichen Wohnhauses.

Blick zur Festung Hohensalzburg, das erste, noch unscharfe Foto von Franz Krieger, aufgenommen um 1926.

Foto Nummer zwei: Die Festung Hohensalzburg vom Mönchsberg aus gesehen, um 1926.

Am 2. Mai 1929 fotografierte Franz Krieger den Zeppelin über der Salzburger Residenz und dem Dom. Es war das erste tagesaktuelle Foto des damals 15-jährigen Mittelschülers. Ein zweites Bild mit Blickrichtung zum Gaisberg wurde vom Dach des elterlichen Wohnhauses Alter Markt 10 aufgenommen.

Beim I. Internationalen Gaisbergrennen am 8. September 1929 traten 51 Fahrer und zwei Fahrerinnen an.
Die 11,9 Kilometer lange Rennstrecke verlief von Obergnigl bis auf das Gaisberg-Plateau. Bei den Automobilen passierten nur fünf Sportwagen und zwei Rennwagen die Ziellinie. 20.000 Zuschauer, darunter die politische Prominenz mit Landeshauptmann Dr. Franz Rehrl an der Spitze, verfolgten das Rennen.

Der Zuschauer- und Parkplatz des I. Internationalen Gaisbergrennens befand sich bei der Zistel. Hier gab es auch einen eigens geschaffenen hölzernen Straßenübergang, der ganz rechts im Bild zu sehen ist. Die Omnibusunternehmen „Sol“ und „Albus“ brachten die Zuschauer vom Residenzplatz bzw. vom Realschulplatz auf den Gaisberg.

Das „Große Salzburger Volksfest" des Jahres 1929 fand vom 31. August bis 8. September im Franz-Josef-Park, der früheren Brodhäuslau, mit zahlreichen Attraktionen und einer „Damen-Schönheitskonkurrenz" statt. Ein mehrtägiges Gastspiel des „Riesen-Zoo-Zirkus A. Fischer", des damals größten Einmanegen-Zirkus in Europa, folgte ab 14. September 1929 dem Volksfest.

Am 6. Oktober 1929 fand in Salzburg anlässlich einer Heimwehrtagung ein Aufmarsch von 6000 Teilnehmern mit Heimwehrführer Richard Steidle an der Spitze statt. Der Heimwehraufmarsch führte über die Staatsbrücke und wurde mit einer Pathé-Filmkamera aufgezeichnet. Im Zuge der zunehmenden Radikalisierung der Innenpolitik versuchte die Heimwehr, die in immer schärferen Gegensatz zur Sozialdemokratie geriet, Österreich zu einem faschistischen Staat umzuformen.

Der Alte Markt, bis 1927 Ludwig-Viktor-Platz genannt, mit Blickrichtung zum Café Tomaselli, um 1930.

Das Festspielhaus mit dem von 1927 bis 1936 über dem Portal angebrachten Maskenblock von Jakob Adlhart, um 1930.

Blick auf das Mühlegger Tor, die Pfarrkirche Mülln und das Müllnerbräu, um 1930.

Die Hofstallgasse, Blick Richtung Festung und St. Peter, um 1930.

Das Druck- und Verlagshaus Kiesel an der Rainerstraße, 1926 erbaut nach Plänen von Wunibald Deininger, um 1930.

Pferdekutschen vor dem Salzburger Bahnhof, um 1930.

„Schani“ Johann Windl, ein Mitarbeiter der Firma Krieger und dessen Gattin, um 1930.

Die „Lussin Gruppe“, sechs Mädchen im Matrosenanzug, aufgenommen beim Badeurlaub in Lussingrande, heute Veli Losinj, im Jahr 1931.

„Maturantenreise“, fünf Salzburger Maturanten im Frack und mit Zylinder vor dem Dom, aufgenommen 1932.

Jagdszene mit den Jägern Brunmayr und Winkler, um 1932.

Anlässlich der Eröffnung der von Ferleiten zum Hochmais führenden Nordrampe der Großglockner-Hochalpenstraße fand am 1. September 1932 der „Erstlingsausflug“ der Kraftfahrvereinigungen des Landes Salzburg statt. Mit der neu dem Verkehr übergebenen Salzburger Teilstrecke der Glocknerstraße konnten die Automobilisten nun bereits eine 25 Kilometer lange Strecke befahren.
Die Hochalpenstraße, ein 1930 begonnenes Prestige-Projekt der Ersten Republik, wurde im August 1935 eröffnet.

Aufnahmen zum Film „Das unsterbliche Lied – Stille Nacht, heilige Nacht“, einer aufwändigen Verfilmung der Entstehung des Weihnachtsliedes, fotografisch festgehalten am 9. April 1934. Beim „Domeinzug“ wirkten über 1000 Statisten in historischen Trachten mit. Mitglieder von Trachtenvereinen aus St. Johann im Pongau und Bischofshofen, Pongauer Schützen und Prangerschützen aus St. Jakob am Thurn zogen vom Hof in St. Peter zum Dom.

Paul Richter, der „Fährmann“, und seine Partnerin Anny Hartmann, die eine Oberndorfer Gastwirtstochter spielte, am Petersfriedhof.

Salzburger Mittelschulabsolventen wirkten als Komparsen mit.

Für die Aufnahme des Hochamtes waren im Dom große Gerüste zur Aufstellung der riesigen Jupiterlampen aufgebaut. Über 50 Lampen sorgten für eine ausreichende Beleuchtung.

FRANZ KRIEGER WIRD FREIER FOTO-REPORTER

BEI EINER ZUGFAHRT am 10. April 1934 an die Wiener Hochschule knipste Franz Krieger mit seiner damals noch einfachen Klappkamera, einer 3x4 Rollfilmkamera Nagel Vollenda (f: 4.5, F: 5 cm, bis 1/100 sec.), am frühen Morgen aus dem fahrenden Zug das Eisenbahnunglück von Marchtrenk bei Wels. Seine Aufnahme gelangte am schnellsten nach Wien und erschien in vielen Zeitungen des In- und Auslands, sogar in einer Pariser Zeitung. Der damals 19-Jährige hatte die Bildrechte an die Agentur „Internationales Fotoservice" von Ernst Kleinberg in Wien verkauft und dafür beachtliche zehn Schilling, in etwa der Wochenlohn eines Arbeiters, erhalten. „Da beschloss ich, Foto-Reporter zu werden" – so Krieger.

ALS FREIER FOTOREPORTER hielt Franz Krieger in der Folge aktuelle politische und kulturelle Ereignisse und besonders das Geschehen und internationale Publikum zur Festspielzeit in Salzburg fest. Seine ersten Bilder erschienen in der Tageszeitung „Salzburger Volksblatt", in der Wiener Illustrierten „Das interessante Blatt" und deren Beilage „Wiener Bilder" sowie ausländischen Magazinen. Sein Salzburger Freund, der bekannte Pressefotograf Franz Roth (1911–1943) arbeitete zu dieser Zeit als Bildjournalist bei Associated Press in Wien und für den Internationalen Photoservice Ernst Kleinberg (Wien) und ermöglichte dem jungen Kollegen die Belieferung dieser Agenturen mit aktuellen Fotos über Ereignisse und Prominentenbesuche zur Festspielzeit. Roth, bereits seit 1933 Mitglied der SA, nahm 1936 bis 1938 auf den Seiten der Faschisten am Spanischen Bürgerkrieg teil, war später Bildjournalist und SS-Oberscharführer in Berlin und fiel 1943 als Fotograf einer Propaganda-Kompanie in Russland.

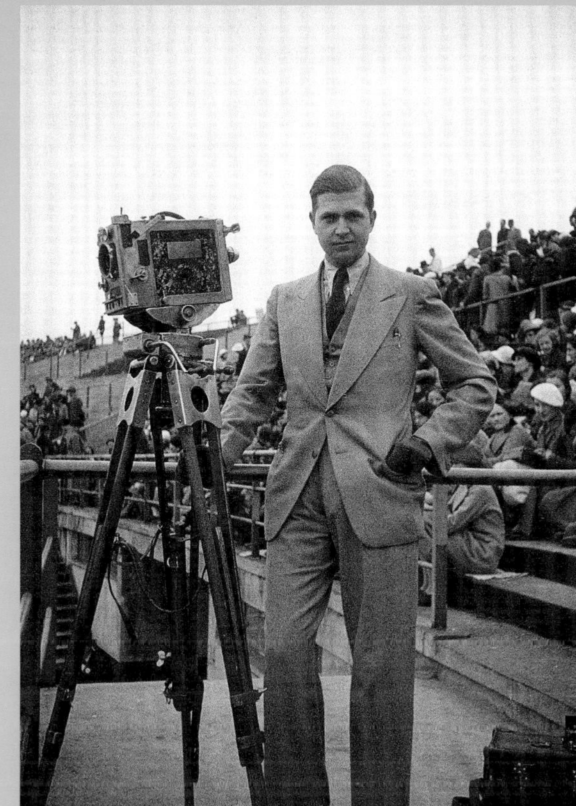

Franz Krieger
mit Stativkamera,
aufgenommen am
1. Mai 1935 in Wien.

BEREITS NEBEN DEM STUDIUM war Franz Krieger in Wien als Assistent bei der „Selenophon – Österreichische Wochenschau“ und der Firma „Werbe- und Filmdienst Dr. Hans Ludwig Böhm“ in der Wiener Neubaugasse tätig. Er war Regieassistent und bei der Bildaufnahme sowie beim Negativ- und Positiv-Schnitt tätig und arbeitete an den Kulturfilmen „Premiere im Burgtheater“, „Österreichische Erfindungen“

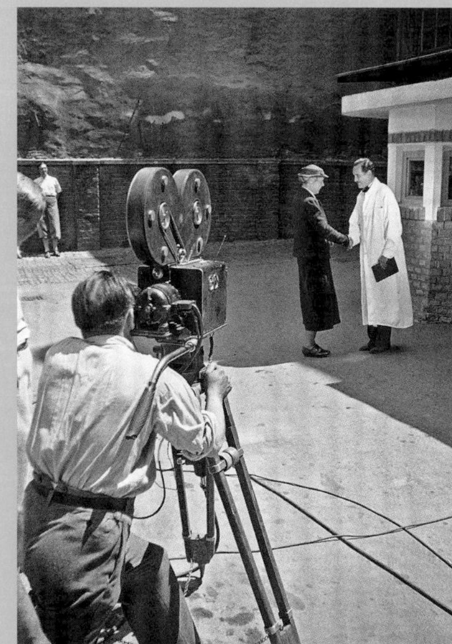

Dreharbeiten zu einem Werbefilm der „Habsburg-Wäscherei“ in Wien im Jahr 1935. Franz Krieger steht hinter dem Kameramann.

und am Großwerbefilm „Habsburg-Wäscherei“ mit. Dadurch war Krieger – wie ihm bescheinigt wurde – in sämtliche Belange des Normal-Werbefilms, Farbtrickfilms sowie des Kulturfilms eingearbeitet. Als junger Diplomkaufmann war er von Jänner bis Juni 1936 bei der Firma Werbe- und Filmdienst Böhm auch als selbstständiger Material- und Kassenverwalter in der Buchhaltung und Organisation angestellt. Danach war Franz Krieger, so wie bereits in den Ferien, im elterlichen Geschäft in Salzburg tätig. Er lebte inmitten der Stadt und hautnah am Geschehen, was ihm besonders zur Festspielzeit einzigartige Schnappschüsse ermöglichte.

Franz Krieger
Mitte der Dreißigerjahre
in Salzburger Tracht.

Die „Gaslaterne“ in der Wiener Lederergasse.
Aufnahme für einen Fotowettbewerb im Jahr 1937
(Kamera: Nagel-Vollenda 3x4, Radionar f:4.5,
Blende 4.5, Zeit 5 sek., Film: Agfa-Isopan).

Bei der Zugfahrt von Salzburg zum Studienort Wien am frühen Morgen des 10. April 1934 fotografierte Franz Krieger das Eisenbahnunglück von Marchtrenk. Bei der nächtlichen Zugsentgleisung waren der Lokomotivenheizer getötet und 15 Passagiere verletzt worden. Kriegers Aufnahme erschien als erstes Foto in allen Zeitungen und Illustrierten, sogar in einer Pariser Zeitung. Das für damalige Verhältnisse hohe Bildhonorar bestärkte ihn, hauptberuflicher Bildreporter werden zu wollen.

Während einer Versammlung der Heimwehr im Festspielhaus am 17. Mai 1934 wurde ein NS-Sprengstoffanschlag verübt. Eine Brunnenschale im Vorraum zum Foyer wurde zerstört und die Mosaiken von Anton Kolig schwer beschädigt. Menschenmassen fanden sich vor dem Eingang zum Festspielhaus ein. Bereits zwei Wochen zuvor, am 21. April, hatte ein NS-Bolleranschlag auf das Festspielhaus mehrere Verletzte gefordert. Der Metalldreher Johann Gollacker, der bei der Bühne seinen Dienst als Feuerwehrmann versehen hatte, erlag am 7. Mai 1934 seinen Verletzungen. Nach dem Verbot von Kommunistischer Partei, NSDAP und Sozialdemokratischer Partei hatte das autoritär faschistische Dollfuß Regime am 1. Mai 1934 die neue Verfassung des „Ständestaates“ proklamiert. Eine NS-Terrorwelle folgte und zielte darauf ab, Österreich zu destabilisieren.

Am 20. und 21. Mai 1934, den Pfingstfeiertagen, fand als erster alpiner Wettbewerb in Österreich eine große Segelflugveranstaltung in Salzburg statt. Der Start der 14 Teilnehmer – im Bild das Segelflugzeug „Gmunden 3“ – erfolgte mittels Gummiseil von der Gaisbergspitze, der Landeplatz war die Hellbrunnerwiese.

Am zweiten Veranstaltungstag, dem 21. Mai 1934, fanden sich auch 24 Motorflieger am Salzburger Flughafen ein. Sie beteiligten sich am Pfingstflug durch Österreich, den der als Dachverband aller Fliegervereinigungen gebildete „Österreichische Aero-Club" unter seinem Präsidenten Ulrich Fürst Kinsky durchführte.

Brandenburg A-59.

Hopfner HS 829a mit luftgekühltem
120 PS De Havilland 4-Zylinder-Reihenmotor.

Blick durch den Ritzerbogen Richtung Universitätsplatz, aufgenommen im Sommer 1935. Im Boden sind die Schienen der „Gelben Elektrischen“ zu erkennen. Die Straßenbahn kam vom Alten Markt und fuhr durch den Ritzerbogen über den belebten Wochenmarkt zum Neutor.

Zur Festspielzeit parkten viele Autos ausländischer Gäste bei der Geschäftszeile am Beginn der Schwarzstraße in der Nähe des Platzl, wo sich ein bewachter Parkplatz befand. Das Fotomotiv zeigt einen mit Koffern bepackten Kraftwagen im Festspielsommer 1935.

Die Salzburger Jagdausstellung 1936, die erste derartige Großveranstaltung des Landes, die unter Leitung von Prof. Dr. Eduard Paul Tratz stand, wurde am 1. August 1936 in der Ausstellungshalle des Gebäudekomplexes des Naturkunde-Museums an der Hofstallgasse eröffnet. Das Foto vom Eingang zur Ausstellung dokumentiert das Gebäude vor dem Festspielhausumbau. Ein jagdlicher Festzug in historischer Kleidung führte durch die Hofstallgasse und unter den Ausstellungsbesuchern befanden sich auch die Spitzen der Salzburger Exekutive, Gendarmerieoberst Wilhelm May, der Salzburger Sicherheitsdirektor Ludwig von Bechinie und der Salzburger Polizeidirektor Viktor Ingomar (v. l. n. r.). Die inhaltlich breit gestreute Ausstellung war bis zum 15. August 1936 zu sehen.

Jagdmotive, aufgenommen in Oberwang im Bezirk Vöcklabruck im Salzkammergut am 20. April 1937. Die Jagd hatte im Rahmen der Wald- und Forstwirtschaft von Oberwang, wo auch die Familie Krieger ein Jagdrevier gepachtet hatte, so große Bedeutung, dass sogar eine „Hirschstange" in das Gemeindewappen aufgenommen wurde.

Das neue Fahrzeug der städtischen Müllabfuhr, aufgenommen am 7. Juli 1937 beim Entleeren von Mülltonnen in der Griesgasse und am Realschulplatz (im Hintergrund die alte Realschule). Der neue Müllwagen mit Kippmechanismus wurde auf der städtischen Mülldeponie im Edaphonwerk in Sam entleert.

Am 15. August 1937 wurde die „Stille-Nacht-Kapelle“ in Oberndorf durch den Salzburger Weihbischof Dr. Johannes Filzer in Anwesenheit von Landeshauptmann Dr. Franz Rehrl und Bundeskanzler Dr. Kurt Schuschnigg eingeweiht. Die Grundsteinlegung für den Neubau war bereits 1924 erfolgt. Die Weihe der Gruber-Mohr-Gedächtniskapelle in Oberndorf an der Grenze zum Deutschen Reich war auch eine politische Manifestation des „Ständestaates“ und wurde mit militärischen Ehren begangen. Der Salzburger Landeshauptmann schritt gemeinsam mit dem österreichischen Bundeskanzler, der die Finanzierung des Baues ermöglicht und den Ehrenschutz übernommen hatte, eine Ehrenkompanie ab. Es kam einem Eklat gleich, dass das im Bildhintergrund zu sehende Gasthaus „Zur Traube“ an der Ecke Marktstraße/Salzburger Straße von deutschen Bewohnern demonstrativ mit einer Hakenkreuzfahne „geschmückt“ worden war.

Für den 8. August 1937 war ein „Fußballwettspiel nicht alltäglicher Art“ am SAK-Sportplatz im Nonntal angekündigt worden. Festspielkünstler, wie „Jedermann“ Attila Hörbiger, sollten gegen die Seniorenmannschaft des SAK 1914 spielen und die bekannte Schauspielerin Paula Wessely den Anstoß vornehmen. Die angekündigten Stars wie Hörbiger, Wessely und auch Marlene Dietrich blieben zur Enttäuschung und Verärgerung der zahlenden Zuschauer aber aus. Die durch Bühnenarbeiter verstärkte Künstlermannschaft gewann schließlich mit 6:4.

FRANZ KRIEGER ALS BILDREPORTER DER SALZBURGER FESTSPIELE

NACH FRANZ KRIEGERS RÜCKKEHR nach Salzburg bot das internationale Festspielgeschehen ein reiches Betätigungsfeld für den jungen Fotografen. Die Salzburger Festspiele wurden in der Zeit des „Ständestaates“ von weltberühmten Künstlern, wie dem Stardirigenten Arturo Toscanini, bewusst als „Gegen-Bayreuth“ positioniert und erlebten Glanzpunkte ihrer Geschichte. Durch Gäste aus Westeuropa und den Vereinigten Staaten besaßen die „Vorkriegsfestspiele“ internationales Flair und nach dem Juliabkommen 1936 und der Aufhebung der 1000-Mark-Sperre nahm auch der Reiseverkehr mit dem Deutschen Reich wieder zu.

FRANZ KRIEGER HAT ANLÄSSLICH der Festspiele 1936 und 1937 nicht nur den reporterscheuen Arturo Toscanini mehrfach bildlich festgehalten, sondern viele Festspielkünstler und prominente internationale Gäste der Mozartstadt, wie Marlene Dietrich oder Hans Albers. Aber auch der von Clemens Holzmeister durchgeführte und im Sommer 1937 fertig gestellte Umbau des Festspielhauses wurde von ihm umfassend dokumentiert. Sein Foto vom Beginn des Abbruches des Wilde-Mann-Brunnens vor dem Festspielhaus, der zum Botanischen Garten verlegt wurde, erschien in der Ausgabe des „Salzburger Volksblattes“ vom 8. Mai 1937 als erstes Krieger-Foto dieser Tageszeitung.

FRANZ KRIEGER ERINNERTE SICH fünf Jahrzehnte später, 1985, an diese Zeit: „Pressefotografen im heutigen Sinne gab es damals noch nicht in Salzburg, (...) höchstens der eine oder andere namhafte Fotograf ausländischer Zeitungen brachte Bildberichte über das Festspieltreiben.“ Er tat sich daher leicht, nach entsprechenden Tipps von Portiers und Kaufleuten zu Fuß zum „Bazar“, zum Hotel „Österreichischer Hof“ oder zur Firma Lanz zu eilen und mit dem Fahrrad zum „Hôtel de l'Europe“ oder zum Bahnhof zu fahren, um seinen „Opfern“ aufzulauern. Dieses

Franz Krieger als Fotograf bei dem unter dem Motto „Tracht und Automobil“ vom Salzburger Automobil-Club veranstalteten „Concours d'élegance“ für Automobile mit anschließender Trachtenmodenschau im Schlosspark von Kleßheim am 15. August 1936.

Il Gazzettino Illustrato

FONDATORE GIANPIETRO TALAMINI

Costa un anno L. 15, sei mesi L. 8, Estero L. 30, sei mesi L. 16. Per inserzioni rivolgersi agli uffici del Gazzettino: Venezia - Belluno Bolzano - Gorizia - Padova - Rovigo - Trento - Treviso - Udine - Verona - Vicenza - Roma — Spedizione in abbonamento postale

Anno XVI N. 37 - XIV | Venezia, 13 Settembre 1936 | Una copia Cent. 30

Stelle... di giorno! Marlene Dietrich ha deciso di trascorrere le sue vacanze nelle principali città d'Europa: eccola fra sua figlia (a sinistra) e un'amica, per le vie di Salisburgo, la città ove si trova attualmente e in cui omaggio veste il tipico costume.

Ein Krieger-Bild vom Salzburger Stadtbummel „der Dietrich", den sie im August 1936 gemeinsam mit ihrer Tochter Maria und deren „Kindermädchen", der russischen Tänzerin Tamara Matul, unternommen hatte, als Titelbild der Ausgabe von „Il Gazzettino Illustrato" vom 13. September 1936.

unbemerkte Anfertigen fotografischer Aufnahmen von prominenten Persönlichkeiten kam erst in den Dreißigerjahren auf – Krieger gehörte daher mit zu den ersten dieser neuen Art von „Bilderjägern". Die meisten Prominenten ließen sich – wie er betonte – noch „ohne Scheu ablichten. (…) Trotz einiger politischer Gewitterwölkchen war es damals noch eine fröhliche, unbeschwert festliche Zeit mit einem erlesenen, aber auch dezenten internationalen Publikum."

KRIEGERS AKTUELLE BILDBERICHTE von den Salzburger Festspielen erschienen im „Interessanten Blatt" und in anderen österreichischen und auch ausländischen Bildzeitschriften. In Salzburg war das „Salzburger Volksblatt" sein Hauptmedium und er wurde als „Bildreporter" freier Mitarbeiter dieser Zeitung. In der Ausgabe vom 31. Juli 1937 erschien sein erster halbseitiger Bildbericht aus der Felsenreitschule „Faust-Stadt in Zivil" und zwei Wochen später folgten unter der Überschrift „Festliches Salzburg. Schnappschüsse unseres Bildreporters" weitere ausgewählte Festspielbilder Kriegers.

INZWISCHEN HATTE SICH FRANZ KRIEGER von seinen Ersparnissen eine erste Leica gekauft und es gelang ihm, den ersten Preis eines fotografischen Preisausschreibens der Zeitschrift „Österreich in Wort und Bild" zu erringen. In diesen Jahren unterstützte ihn das Fotogeschäft Otto Wernhard am Makartplatz, wo er seine Bilder ausarbeiten ließ. Vom Geschäftsführer und Teilhaber Wernhards, Viktor Strobl und dessen Gattin Maria, wurden ihm als Autodidakt die Geheimnisse der Dunkelkammerarbeit vermittelt und seine Fotos als Auslagen-Werbung einem größeren Betrachterkreis näher gebracht.

Salzburger Volksblatt   SAMSTAG 14/8 1937

Festliches Salzburg

Schnappschüsse unseres Bildreporters.

Aufnahmen: Franz Krieger, Salzburg.   Klischee: R. Kiesel, Salzburg.

1 Die Staatsbrücke im Fahnenschmuck. * 2 und 3 Marlene Dietrich mit ihrem Gatten Rudolf Sieber. * 4 Die Burgschauspielerin Nora Gregor im „Dirndl“. * 5 Blick auf die Staatsbrücke während der Auffahrt zum Festspielhaus. * 6 Landeshauptmann Dr. Rehrl im Gespräch mit Botschafter von Papen auf dem Domplatz. * 7 Douglas Fairbanks jun. (mit Hut) vor dem Wagen Marlenes. * 8 Jarmila Novotna und ihr Töchterchen. * 9 Lotte Lehmann.

„Festliches Salzburg. Schnappschüsse unseres Bildreporters“. Bildreportage von Franz Krieger im „Salzburger Volksblatt“ vom 14. August 1937.

ALS DIE AUSLANDSBILDERDIENSTE und auch die Präsenz in den Salzburger Medien zunahmen, traten die in der Salzburger Photographen-Zunft zusammengeschlossenen Salzburger Atelier-Fotografen auf den Plan und brachten im August 1937 eine „Pfuscheranzeige“ gegen Franz Krieger ein. Dieser entschloss sich nun, das „freie Gewerbe“ eines Pressefotografen in Salzburg anzumelden, ein damals noch junges Gewerbe, da der „Bildjournalismus“ erst Mitte der Zwanzigerjahre durch Spezialisierung entstanden war.

Negativtasche der Firma Photo Wernhard, Salzburg, mit einer Abbildung der Leica, um 1936.

ZUNÄCHST LEISTETE FRANZ KRIEGER aber ab Oktober 1937 seinen Militärdienst als „Einjährig Freiwilliger Kanonier“ und absolvierte beim „Leichten Artillerieregiment Nr. 6“ in Innsbruck seine Grundausbildung. Aus gesundheitlichen Gründen rüstete er mit Jahresende vorzeitig ab. Nach dem Tod seines Vaters, der am 1. November 1937 im 50. Lebensjahr verstorben war, übernahm er in dem von der Mutter nun als Witwenbetrieb geführten elterlichen Unternehmen die Buchhaltung und betriebswirtschaftliche Leitung. Er selbst war mit erst 23 Jahren Haupterbe des väterlichen Realbesitzes und zugleich „Familienoberhaupt“.

Franz Krieger als Soldat in der Uniform des österreichischen Bundesheeres, aufgenommen im Oktober 1937.

Sommer 1936: Der Stardirigent Arturo Toscanini, künstlerischer Leiter der Mailänder Scala und der Metropolitan Opera in New York, wurde durch seine glanzvolle Falstaff-Produktion des Jahres 1935 zum gefeierten Mittelpunkt des Salzburger Festspielgeschehens. Mit den von ihm ins Programm genommenen „Meistersingern“ Richard Wagners und Beethovens „Fidelio“ sowie Mozarts „Zauberflöte“ erlebten die Vorkriegsfestspiele 1936 und 1937 weitere Höhepunkte. Toscanini war als Fotomotiv äußerst begehrt, da seine Abneigung gegen „Bilderjäger“ bekannt war.

Kammersängerin Lotte Schöne, eine der größten Sängerinnen der Zwischenkriegszeit, wirkte bereits 1922 bei den Festspielen mit und sang 1935 das „Blondchen“ in der „Entführung aus dem Serail“. Als Jüdin musste sie Deutschland verlassen und versteckte sich bis 1945 in einem kleinen Dorf in den französischen Alpen.

Ludwig Stössel spielte in den Festspielsaisonen 1935 und 1936 den Teufel im „Jedermann“. Der jüdische Schauspieler emigrierte nach dem „Anschluss“ und wirkte an zahlreichen Hollywoodproduktionen mit.

Der Geiger David Rosé, Mitglied des „Rosé-Quartetts“, das in den Jahren 1935 und 1936 bei den Festspielen engagiert war.

Bruno Walter dirigierte bei den Festspielen 1936 den „Don Giovanni“, „Orpheus und Eurydike“, „Tristan und Isolde“ sowie „Der Corregidor“. Er wirkte seit 1925 bei den Salzburger Festspielen mit, war mehrfach an deren Leitung beteiligt, und musste nach dem „Anschluss“ emigrieren.

Lotte Lehmann, eine der herausragenden deutschen Sopranistinnen des 20. Jahrhunderts, sang 1935 die „Marschallin" im „Rosenkavalier" und 1936 sowie 1937 die „Leonore" im „Fidelio". Die weltbekannte Wagner- und Strauss-Interpretin gab auch Sololiederabende im Mozarteum. Aufgrund ihrer Weigerung, sich in den NS-Kunstbetrieb einzureihen, konnte sie nach 1933 nicht mehr in Deutschland auftreten. Sie emigrierte 1938 in die Vereinigten Staaten.

Dusolina Giannini sang 1936 bereits das dritte Jahr die „Donna Anna“ der Mozart-Oper „Don Giovanni“.

Der österreichische Schauspieler Attila Hörbiger, „Jedermann“ der Festspielsaisonen 1935 bis 1937 und dann erneut in den Jahren 1947 bis 1951, aufgenommen am 20. Juli 1936 vor dem Tomaselli-Kiosk am Alten Markt.

Emil Jannings, der „Beste Schauspieler der Welt“, im Sommer 1936 am Salzburger Grünmarkt. Der Schauspieler drehte zahlreiche Stummfilme und gewann 1929 einen Oscar. Sein Tonfilmdebüt hatte er als Partner von Marlene Dietrich in „Der Blaue Engel“. Nach 1933 wirkte er in NS-Propagandafilmen, wie „Ohm Krüger“, mit.

Emil Jannings im Gespräch mit Marktfrauen am Salzburger Grünmarkt und direkt vor der Kriegerschen Eisenhandlung in der Churfürststraße, im Hintergrund die Buchhandlung Höllrigl. Der Schauspieler besaß ein Haus in Strobl am Wolfgangsee.

Marlene Dietrich mit ihrem Gatten, dem Regisseur Rudolf Sieber, beim Einkauf in der Geschäftszeile der Schwarzstraße und mit ihrer Tochter Maria (rechts) vor dem „Hôtel de l'Europe". Der Schauspielerin und Sängerin war in den 1930er Jahren der Aufstieg zur international berühmten Künstlerin gelungen. Sie wurde als erste Deutsche ein Filmstar in Hollywood und wanderte nach Amerika aus. Bei ihrer Europareise im Sommer 1936 wurde „die Dietrich" bei ihrer Ankunft am Wiener Bahnhof von zahllosen Fans erwartet. Der „Riesenrummel" um „Marlene und ihre Narren" stieß beim Salzburger Volksblatt auf Unverständnis. Am nächsten Tag reiste sie nach Salzburg weiter und stieg am 9. August 1936 im renommiertesten der Salzburger Hotels, dem „Hôtel de l'Europe", ab.

Abzüge von zum Teil
nicht erhaltenen Negativen
mit Aufnahmen vom
Salzburgaufenthalt
Marlene Dietrichs
im August 1936,
aufgenommen mit der
3x4 Rollfilmkamera
bzw. der Leica.

Beginn der Demolierung der Gartenmauer des Franziskanerklosters, durch deren Rückversetzung der Gemüsegarten der Franziskaner deutlich verkleinert wurde.

1937 wurde das Festspielhaus von Clemens Holzmeister erneut umgebaut, um den Forderungen von Arturo Toscanini nach einer „Verwandlungsbühne" gerecht zu werden. Am 29. April 1937 wurde der Beginn der Umbauten im Festspielbezirk von Franz Krieger fotografisch festgehalten. Der „Wilde Mann-Brunnen" wurde demontiert und zum Botanischen Garten verlegt.

Die Franziskanermauer wurde abgerissen und das alte Fotoatelier Hintner (ganz rechts im Bild) demoliert. Als modernes Ateliergebäude (später „Sparkassenstöckl") wurde es gegenüber, an der Ecke Hofstallgasse/Marktgasse, neu errichtet.

Auch das so genannte Grenadierstöckl des Studiengebäudes und das Glashaus im Botanischen Garten wurden abgerissen.

Die Brüder Architekt Hermann Rehrl (rechts), der die örtliche Bauaufsicht inne hatte, der damalige Landeshauptmann Dr. Franz Rehrl (Mitte) mit Gattin und Josef Rehrl (ganz links), Leiter der Landestaubstummenanstalt und 1947 bis 1949 ebenfalls Salzburger Landeshauptmann, auf der Baustelle.

Blick auf das Festspielareal Ende Mai/Anfang Juni 1937. Der Abbruch des Rehrl-Hauses St.-Peter-Bezirk 10 hat begonnen, der „Fischbrunnen" ist bereits verschwunden und die Gartenmauer des Franziskanerklosters zurückversetzt.

Der Abbruch des so genannten Rehrl-Hauses, aufgenommen zwischen 25. Mai und 4. Juni 1937.

Architekt Professor Clemens Holzmeister erläutert während der Festspiele 1937 im späteren Toscanini-Hof den Umbau des Festspielhauses. Es hatte ein neues, gegen St. Peter ausgerichtetes Bühnenhaus erhalten und die Mönchsbergstiege war neu errichtet worden.

Unter den Zuhörern befanden sich – von links – der Sohn, eine Tochter und die Witwe von Hugo von Hofmannsthal, Max Reinhardt und Helene Thiemig sowie – im Hintergrund mit Trachtenhut – Freiherr Georg von Frankenstein, der österreichische Gesandte in London.

Der bekannte deutsche Schauspieler Hans Albers besuchte im Juni 1937 Salzburg und ließ sich in Trachtenkleidung am Salzachufer vor der Stadtsilhouette fotografieren. Im Hintergrund ist die alte Staatsbrücke zu sehen.

Hans Albers gab an der Auslage des Geschäftes Trachtenmoden Lanz an der Schwarzstraße ein Autogramm und ging dann Richtung Staatsbrücke, wo er vor der nach Parsch fahrenden „Roten Elektrischen“ ein lohnendes Motiv für den Fotografen abgab. Aufnahmen vom 22./23. Juni 1937.

Seit dem Juli-Abkommen 1936 hatte der Reiseverkehr mit dem Deutschen Reich besonders zur Festspielzeit wieder deutlich zugenommen. Bilder vom 7. Juli 1937 zeigen das Zollamt Walserberg, sowohl in Blickrichtung Österreich als auch Richtung Deutschland, wo der „Rechtsverkehr" bereits eingeführt war, so dass die Fahrzeuge einen Seitenwechsel vornehmen mussten. Im August 1937 erfolgten erneute Einschränkungen des Reiseverkehrs durch das Deutsche Reich.

Salzburg im Festspielsommer 1937. Die beflaggte Staatsbrücke und parkende Autos von ausländischen Festspielbesuchern am bewachten Parkplatz an der Schwarzstraße. Lohndiener warteten vor dem Hauptbahnhof auf die Gäste, um das Gepäck zu den jeweiligen Hotels zu bringen. Die An- und Abfahrt der Besucher der Eröffnung der Festspiele erfolgte über die Staatsbrücke und über den Alten Markt mitten durch die Altstadt. Damals herrschte in Österreich noch der Linksverkehr. Bei der Auffahrt zum „Faust“ am 3. August 1937 wurden 236 Autos gezählt.

Kammersängerin Lotte Lehmann in einem stilisierten Trachtenkleid, aufgenommen im Festspielsommer 1937.

Jarmila Novotná, die bei den Festspielen 1937 die Rolle des „Octavian" im „Rosenkavalier" sang, gab im Alltagsdirndl vor dem Festpielhaus ihre Autogramme. 1938 verließ sie Wien und ging in die USA.

Der Schauspieler Emil Jannings und seine Frau Marold werden nach dem Einkauf am Grünmarkt und am Weg zu ihrem Auto 1937 von Franz Krieger am Alten Markt fotografiert.

Franklin B. Roosevelt, der Sohn des amerikanischen Präsidenten Theodore Roosevelt, war, wie die „Salzburger Chronik“ am 14. August 1937 vermeldete, im „Hôtel de l'Europe“ abgestiegen. Mit seiner Begleiterin, der US-Industriellentochter Ethel Dupont (mit federgeschmücktem Trachtenhut), wurde er im Gespräch mit Bekannten vor dem Hotel „Österreichischer Hof“ fotografiert. Mit 3320 Ankünften im August 1937 zählten die Gäste aus den USA zu den Spitzenreitern der damaligen Tourismusstatistik.

Festspielgäste auf der Caféterrasse des Hotels „Österreichischer Hof“, aufgenommen im Sommer 1937.

Der ungarische Reichsverweser Admiral Miklós Horthy mit seiner Gattin und Prinzessin Maria José von Italien, die einen markanten Trachtenhut trägt, beim „Jedermann“ am Salzburger Domplatz. Die italienische Kronprinzessin, die schon 1936 nach Salzburg gekommen war, weilte vom 26. August bis 1. September 1937 in der Mozartstadt.

Marlene Dietrich besuchte im August 1937 mit Gatten Rudolf Sieber die letzten Salzburger Vorkriegsfestspiele und ließ sich am Residenzplatz vor ihrem auffälligen grünen Auto ablichten. Der Filmstar hatte im Jahr zuvor ein lukratives Angebot von Propagandaminister Joseph Goebbels, der sie nach Deutschland zurückholen wollte, abgelehnt. Die „Filmdiva“ hatte für zwei Monate die Pension „Schweizerhaus“ in St. Gilgen gepachtet, wo sie nach ihrer Ankunft am 27. Juli 1937 gemeinsam mit ihrer Tochter, ihrem Gatten und auch ihrem damaligen Geliebten, dem Filmstar Douglas Fairbanks jun., und der russischen Tänzerin Tamara Matul wohnte.
1939 nahm Marlene Dietrich die US-amerikanische Staatsbürgerschaft an und engagierte sich im Krieg entschieden gegen das NS-Regime, was in ihrer Heimat vielfach auf Unverständnis stieß.

FRANZ KRIEGER WIRD ERSTER STÄNDIGER SALZBURGER PRESSEFOTOGRAF

IM JAHR 1936 LÖSTE DIE „PHOTOGRAPHENZUNFT DES LANDES SALZBURG“ die ältere „Landesfachgenossenschaft der Photographen in Salzburg“ als Standesvertretung ab. In ihr waren alle gewerbetreibenden Fotografen, Pressefotografen, Hersteller von zur Vorführung bestimmten Laufbildern und Lichtpauser zusammengeschlossen. Obwohl die junge Sparte der Pressefotografie am offiziösen Briefpapier der „Photographen-Zunft“ ausdrücklich an zweiter Stelle nach den Fotografen angeführt war, sucht man Vertreter dieses Faches im damaligen Gewerbeverzeichnis der Stadt Salzburg noch vergeblich. In der Stadt arbeiteten 29 Fotografinnen und Fotografen, darunter K. Hintners Nachfolger Robert Traub, das Atelier Ellinger, Foto Mann und Paap, Hans Opfergeld sowie der Bergwelt-Verlag Carl Jurischek und die Firma „Würthle Sohn Nachf.“ Auch Pressefotos wurden in den Dreißigerjahren von den arrivierten Salzburger Fotografen angefertigt und zur sommerlichen Festspielzeit kamen zusätzlich auswärtige (Presse-)Fotografen, vor allem von Wiener Unternehmen, in die Stadt. Dazu gesellten sich lokale „Amateure“, die – ohne entsprechende Gewerbeberechtigung – ihre Schnappschüsse an Medien verkauften und in der damaligen

Franz Krieger (rechts mit Kamera) fotografierte am 15. August 1936 bei dem unter dem Ehrenschutz von Landeshauptmann Dr. Franz Rehrl veranstalteten „Concours d'élegance“ für Automobile im Schlosspark von Kleßheim. Die Kollegin rechts neben ihm war Maria Kloiber, die später den Geschäftsführer von Foto Wernhard, Viktor Strobl, heiratete.

Zeit wirtschaftlicher Not von der „Salzburger Photographen-Zunft“ und deren „Zunftmeistern“ – wie die antiquierte Bezeichnung der Vorsteher lautete – nur ungern geduldet wurden. Während der heimische Kaufmannssohn Franz Krieger zunächst unbehelligt lokale Zeitungen, das Landesverkehrsamt sowie auswärtige Bildzeitschriften mit aktuellen Bildberichten, insbesondere von den Salzburger Festspielen, versorgen konnte, brachte der Innungsmeister der Salzburger Fotografen, Robert Traub, bereits nach der Festspielsaison 1935 eine Anzeige wegen unbefugter Ausübung der Pressefotografie gegen Susanne (Suse) von Winternitz beim Stadtmagistrat ein. Die Stieftochter des bekannten Schriftstellers Stefan Zweig hatte die internationalen Kontakte ihrer Familie dazu genutzt, Exklusivfotos von herausragenden Vertretern der Kunst- und Geisteswelt anzufertigen. Selbst der als äußerst fotoscheu geltende Stardirigent Arturo Toscanini ließ sich von ihr mehrfach ablichten und sogar in einem eigenen Bildband verewigen.

Erwerbsverzeichnis Salzburg-Stadt 161

LICHTBILDNER

- Bestsortiertes Lager aller Foto-Artikel
- Übernahme sämtlicher Außenaufnahmen
- Sorgfältigste Ausarbeitung von Amateurarbeiten
- Spezialwerkstätte für Vergrößerungen
- Zahlungserleichterungen

Salzburg, Sigmund Haffnergasse 4a
Fernruf 2318/2 · Postscheck-Konto Wien C 107.903

Salzburger Asphalt-Unternehmung, Fux August, Lederwaschgasse 7.
Zipperer Friedrich, Scherzhauserfeldsiedlung Block M/2.

Pharmazeutische Artikel:

Willvonseder & Marchesani, Bayerhammerstraße 57—59.

Photographen:

(Die mit L (= Landschaft) bezeichneten Photographen sind nicht berechtigt, Porträtaufnahmen anzufertigen.)

Fotohaus Baldur
Inh.: Mizzi Pflanzl
Salzburg
Elisabethstr. 3. Tel. 2282/2

Bergwelt-Verlag Jurischek Carl, Paris Lodronstraße 22.

Bergwelt-Verlag
Carl Jurischek
Paris Lodronstraße 22
Fernruf 1343
Alle Aufnahmen für Gewerbe, Industrie und Fremdenverkehr
Photo-Vergrößerungen
Diapositive

Berletti Julius, Judengasse 16.
Breslmayer Wilhelm, Sigmund Haffnergasse 4a.
*Ellinger, Atelier (off. Hand.-Ges.), Schwarzstraße 3.
Gruber Fritz, Scherzhauserfeldsiedlung (L.).
Gründler Alfred, Getreideg. 22 (L.).
Gürtler H. Witwe, Linzergasse 26.
Haagn Herm., Getreidegasse 5 (L.).
Hartl Franz, Plainbergstraße 22.
Hülse Werner, Getreidegasse 47 (L.).
Kain Josef, Maxglaner Hauptstr. 23
Kerschner Bruno, Gabelsbergerstraße 30 (L.).
Knoll Frieda, Mark. Sittikusstr. 14.
Koschier Ernst, Moosstraße 5.
Krieger Franz, Alter Markt 10 (Pressephot.).
Lauterbach Therese, Platzl 3 (L.).
Maier Ernst, Getreidegasse 13.
*Mann Max, Alter Markt 1.
Mann Wilhelm, Wte., Rainerstr. 5.
Mejak Josef, Rainerstraße 13.
Opfergeld Hans, Wolf Dietrichstr. 9.
Paap Ottos Witwe, Mirabellplatz 6.
Pflanzl Mitzi, Elisabethstraße 3.
Resatsch Rudolf, Elisabethstr. 27, P.
*Rothmaier M. & Co., Bismarckstraße 4.
Schachner Gertrude, Makartplatz 8.
Schröder Kurt, Neutorstraße 24.
Seiser H., Augustinergasse 11a (L.).
Spaeth Max, Mirabellschloß, 1. St.
*Traub Robert, K. Hintners Nachf., Hofstallgasse.
Ullmann Marie, Südtirolerplatz.
Wernhard Otto, Makartplatz 3 (L.).
Winternitz Susanne, Kapuzinerberg Nr. 5 (Pressephot.).
*Würthle & Sohn Nachf., Dreifaltigkeitsgasse 12 (L.).
Zigler Jos., Herstellung von zur Vorführung bestimmten Laufbildern, Ganshofstraße 4.
Zimmermann Georg, Linzerg. 55.
Zuber Karl, Eichstraße 6.

Photographische Bedarfsartikel:

Breslmayer Wilhelm, Sigmund Haffnergasse 4a.
*Eigner & Lauterbach, Platzl 3.
Hülse Werner, Getreidegasse 47.
Kain Josef, Maxglaner Hauptstr. 23
*Mann Max, Alter Markt 1.
Opfergeld Hans, Wolf Dietrichstr. 9.
Paap Paula, Mirabellplatz 6.
Pflanzl Mizzi, Elisabethstraße 3.
*Rothmaier M. & Co., Bismarckstraße 4.
Stranger Alois, Residenzplatz 4.
Traub Robert, Hofstallgasse.
Weidner Franz, Mag. pharm., Linzer Reichsstraße 29.
Wernhard Otto, Makartplatz 3.

Plakatierungsanstalten:
(Siehe Ankündigungskanzleien.)

Porzellanmaler:
(Siehe Glas- und Porzellanmaler.)

Porzellanwaren:
(S. Glaswaren und Geschirrhandel.)

Posamentierwaren:

*Mayer Josef, Rathausplatz 1.
Soppla Marie, Universitätsplatz 12.
*Wiesler Franz, Platzl 4.

Im Erwerbsverzeichnis der Stadt Salzburg im „Salzburger Amts-Kalender für das Jahr 1939“ sind zwei „Pressephotographen“ verzeichnet, Franz Krieger und Susanne Winternitz, die im Januar 1939 nach Paris und später in die USA emigrierte.

SUSANNE VON WINTERNITZ meldete Anfang Februar 1936 das Gewerbe der Pressefotografie in Salzburg an, was Fotografenzunft und Stadtmagistrat aufgrund der ungünstigen wirtschaftlichen Lage ablehnten. Es bedurfte einer energischen Intervention des Salzburger Landeshauptmannes Dr. Franz Rehrl, um der prominenten Bewerberin im Mai 1936 doch noch einen Gewerbeschein für Pressefotografie zu verschaffen. Diese nunmehr einzige gewerbliche Pressefotografin in Salzburg arbeitete hauptsächlich während der Festspielzeit in der Stadt und verlor 1937 durch die bevorstehende Scheidung der Eltern ihren Wohnsitz am Kapuzinerberg. Sie emigrierte nach dem „Anschluss“ nach Frankreich und schließlich in die Vereinigten Staaten von Amerika. Ihre Salzburger Gewerbeberechtigung wurde – als „jüdischer Betrieb“ eingestuft – 1939 gelöscht.

Franz Krieger am 6. April 1938 mitten auf der Fahrbahn am Alten Markt, um die Fahrt Adolf Hitlers zum Residenzplatz bildlich festzuhalten.

ZUR FESTSPIELZEIT 1936 UND 1937 müssen sich Susanne von Winternitz und Franz Krieger mehrfach bei der Jagd nach lohnenden Motiven begegnet sein. An seiner Seite fotografierte damals auch Maria Strobl, geborene Kloiber (1911–2002), die mit ihrem Gatten das Geschäft „Photo Wernhard" betrieb und deren fotografischer Teilnachlass sich in Australien erhalten hat. In der Festspielsaison 1937 wurde dann auch Franz Krieger Opfer einer „Pfuscheranzeige" der Salzburger Fotografenzunft und er meldete daher – nach der Rückkehr vom Militärdienst – am 24. Februar 1938 das Gewerbe der „Pressefotografie" mit Standort Alter Markt 10 an. Er konnte bei seiner Eingabe zu Recht ausführen, dass in Salzburg „kein Pressefotograf ständig ansässig" war. Doch die „Salzburger Photographen-Zunft" und ihr Zunftmeister Robert Traub legten sich mit dem Hinweis auf einige hauptberufliche Pressefotografen, die in der Stadt ihrem Gewerbe nachgehen würden, quer, konnten aber den Beweis für deren Existenz dann doch nicht erbringen.

Kriegers Foto von der Rede des „Führers“ im Festspielhaus am 6. April 1938 erschien auf der Titelseite des Salzburger Volksblattes.

Franz Krieger stand am 7. April 1938 mit zwei weiteren Fotografen am Walserberg neben der Rednertribüne, um den Spatenstich Adolf Hitlers zur Reichsautobahn bildlich festzuhalten.

FRANZ KRIEGER VERFÜGTE NOCH IMMER ÜBER KEINE Gewerbeberechtigung, als er in der Nacht von 11. auf 12. März 1938 die Machtübernahme der Nationalsozialisten und am 12. März den Einmarsch deutscher Truppen in der Stadt bildlich dokumentierte. Immerhin hatte er Bescheinigungen der Bundespolizeidirektion vom 12. März 1938 und des Kreisleiters Burggaßer vom 13. März 1938 in der Tasche, denen zufolge ihm freier Zutritt zu gewähren und er berechtigt war, bei allen Anlässen für die Presse Fotoaufnahmen zu machen. Bereits in der Ausgabe des „Salzburger Volksblattes“ vom 12. März 1938 erschien sein „Bildbericht aus den letztvergangenen, wildbewegten Tagen in Salzburg“. Sämtliche Aufnahmen stammten ausdrücklich „vom Bildberichterstatter unseres Blattes Franz Krieger“.

ANLÄSSLICH DER BESUCHE des Reichsmarschalls Hermann Göring und des „Führers“ Adolf Hitler in Salzburg hatten, wie die Geheime Staatspolizei am 1. April 1938 kund machte, nur mehr jene Pressefotografen Zutritt, die im Besitz einer gelben, mit dem Dienststempel der Geheimen Staatspolizei versehenen

Querschnitt durch den Wahlsonntag. – So stimmte Salzburg.

Bildbericht von Franz Krieger im Salzburger Volksblatt über die Anschluss-Abstimmung am 10. April 1938.

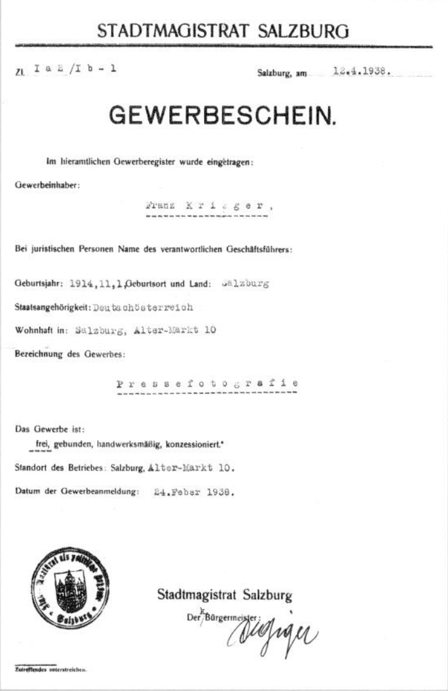

STADTMAGISTRAT SALZBURG

Zl. I a 2 /I b - 1 Salzburg, am 12.4.1938.

GEWERBESCHEIN.

Im hieramtlichen Gewerberegister wurde eingetragen:

Gewerbeinhaber:

Franz Krieger,

Bei juristischen Personen Name des verantwortlichen Geschäftsführers:

Geburtsjahr: 1914,11,1, Geburtsort und Land: Salzburg

Staatsangehörigkeit: Deutschösterreich

Wohnhaft in: Salzburg, Alter-Markt 10

Bezeichnung des Gewerbes:

Pressefotografie

Das Gewerbe ist:

frei, gebunden, handwerksmäßig, konzessioniert.*

Standort des Betriebes: Salzburg, Alter-Markt 10.

Datum der Gewerbeanmeldung: 24.Feber 1938.

Stadtmagistrat Salzburg

Der k. Bürgermeister: Giger

* Zutreffendes unterstreichen.

Gewerbeschein für Pressefotografie, ausgestellt am 12. April 1938.

Armbinde waren und sich durch einen vom Propaganda-Amt ausgestellten Ausweis legitimieren konnten. Franz Krieger hatte, obwohl noch immer ohne Gewerbeberechtigung, als Bildberichterstatter des Salzburger Volksblattes Zutritt zu diesen Veranstaltungen. Beim Spatenstich zur Reichsautobahn am Walserberg gelang es ihm am 7. April 1938 – wie er noch Jahrzehnte später zu berichten wusste – sich so gut unter den wenigen offiziellen Fotografen zu positionieren, dass ihm hochwertige Bilder gelangen und er über Associated Press das erste Bild nach Berlin senden konnte. Fünf Tage später, am 12. April 1938, unterfertigte der kommissarische Salzburger Bürgermeister Anton Giger den Gewerbeschein für Pressefotografie von Franz Krieger. Das Berufsziel „Pressefotograf“ war damit endlich erreicht.

Zum Schispringen auf der SSC-Schanze auf der Zistel am Gaisberg kamen am 6. Februar 1938 rund 3000 begeisterte Besucher. Der Salzburger Sepp Bradl (SC Salzburg), der mit Schanzenrekord das letzte Berg-Isel-Springen und auch das Springen in Garmisch-Partenkirchen gewonnen hatte, sprang mit 55 Metern außer Konkurrenz inoffiziellen Schanzenrekord und gewann den Bewerb der „Jungmannen".
Der erste Sprung eines Menschen mit Schiern über 100 Meter im Jahr 1936 hatte „Bubi" Bradl äußerst populär gemacht.

Das vom Deutschen Reich erzwungene Berchtesgadener Abkommen vom 12. Februar 1938 besiegelte das Ende des eigenständigen Österreich. Adolf Hitler ging in seiner Rede am 20. Februar 1938 in Berlin auf das neue Verhältnis zu Österreich und die Maßnahmen zur Begünstigung der österreichischen Nationalsozialisten ein. Die Führer-Rede wurde, wie lesende Menschen vor den Zeitungsverkaufsständen dokumentieren, mit großem Interesse aufgenommen. Die bisher illegalen Mitglieder der NSDAP, alleine in der Stadt Salzburg rund 1100, konnten sich nun frei politisch betätigen. Am 20. Februar wurden daher auf der Staatsbrücke und in der Linzer Gasse Hakenkreuzfahnen gehisst.

Am 21. Februar 1938 veranstaltete das Volkspolitische Referat der Vaterländischen Front unter Dr. Albert Reitter und organisiert von der Organisationsleitung der NSDAP Salzburg einen zweistündigen „Nationalen Fackelzug“, der von der Rainerstraße über den Mirabellplatz, die Paris-Lodron-Straße, Franz-Josef-Straße und die Linzer Gasse, das Platzl und die Staatsbrücke sowie die Griesgasse, Getreidegasse und den Alten Markt zum Residenzplatz führte. Zwischen 13.000 bis 19.000 Teilnehmer wurden gezählt. An der Spitze marschierten HJ und BDM, oben im mittleren Bild Jungbannführer Walter Leitner an der Spitze des Jungvolks, hinter ihm mit der Trommel Erich Kirsch. Es folgten die Arbeiter Salzburger Betriebe, Teile der NS-Frauenschaft, kleine uniformierte Abordnungen von Bundesheer und Gendarmerie, völkische Vereine, darunter 700 bündische Turner, und zum Abschluss SA und SS.

Am Residenzplatz sprach Dr. Albert Reitter, Volkspolitischer Referent der Vaterländischen Front (VF), zur Menge, die er mit „Deutschem Gruß“ und den Worten „Nationalsozialisten, wir sind so weit“ grüßte. Seine Grußadressen richteten sich an den „Führer“, aber auch an Bundeskanzler Dr. Kurt Schuschnigg sowie den neuen Innenminister Arthur Seyß-Inquart. „Sieg Heil“-Rufe und das Absingen des Deutschland- und des Horst-Wessel-Liedes beschlossen diesen „ersten Auftakt zum Umbruch in Salzburg“.

Angesichts des drohenden Verlusts der österreichischen Souveränität setzte Bundeskanzler Dr. Schuschnigg für 13. März 1938 eine Volksbefragung „Für ein freies und deutsches, unabhängiges und soziales, für ein christliches und einiges Oesterreich“ an. Abstimmungsplakate mahnten das „Ja“ für Österreich ein.
Reservisten des Jahrganges 1915, wie hier beim Einrücken am Platzl, wurden einberufen, um am Tage der Volksbefragung Ruhe und Ordnung zu gewährleisten.

Eine Straßenstreife des Bundesheers sicherte den fast menschenleeren Mirabellplatz und zum Sitz der Landesregierung im Chiemseehof wurde Bundesheer verlegt, Franz Krieger hat die Soldaten auf ihrem Weg vor dem Café Glockenspiel bildlich festgehalten. Nach der Mobilmachung deutscher Truppen sagte Bundeskanzler Schuschnigg die Volksbefragung ab und trat am Abend des 11. März zurück.

Nach dem Rücktritt Schuschniggs demonstrierten ab 19 Uhr Nationalsozialisten am Residenzplatz, bildeten eine Menschenkette und riefen in Sprechchören „Heil Hitler, Sieg Heil!". Dr. Albert Reitter und Gauleiter Dipl.-Ing. Anton Wintersteiger sprachen zur Menge. Noch während sich Bundespräsident Miklas weigerte, Seyß-Inquart mit der Regierungsbildung zu betrauen, ging in Salzburg der Machtwechsel vor sich. Um 20 Uhr 30 traf aus Wien der Befehl ein, mit SA und SS die Macht zu ergreifen. Alle wichtigen öffentlichen Gebäude des Landes und der Stadt wurden besetzt und die öffentlichen Ämter unter Androhung von Gewalt übernommen. Gauleiter Wintersteiger marschierte mit einem SA-Sturm zum Chiemseehof und übernahm das Amt des Landeshauptmannes, Gauleiterstellvertreter Ing. Anton Giger besetzte das Rathaus und übernahm die Funktion des Bürgermeisters. Bereits um 21 Uhr konnte Wintersteiger die erfolgte Machtübernahme nach Wien melden.

Am Morgen des 12. März 1938 hatten SA und SS die Ordnungsgewalt in der Stadt übernommen. Das Haus der Vaterländischen Front am Makartplatz (Dollfußplatz 7) wurde für die Kreisleitung der NSDAP besetzt. Zivile Posten der Salzburger SA bewachten am Morgen des 12. März das Haus. Das Kruckenkreuz wurde mit dem Hakenkreuz überdeckt.

Am frühen Morgen standen auch bereits bewaffnete SA-Männer am rechten und linken Brückenkopf der Staatsbrücke, um diese für den Einmarsch der deutschen Truppen zu sichern.

Wachposten der Salzburger SS, noch in Zivil, besetzten die Zaunrith'sche Druckerei in der Bergstraße, in der die Tageszeitung „Salzburger Chronik" gedruckt wurde. Ihr Chefredakteur Leonhard Steinwender, ein hoher Funktionär der Vaterländischen Front, wurde inhaftiert.

Seite 16 (Folge 59) Salzburger Volksblatt Samstag, 12. März 1938

Bildbericht aus den letztvergangenen, wildbewegten Tagen in Salzburg.

Sämtliche Aufnahmen vom Bildberichterstatter unseres Blattes Franz Krieger.

Erste Fotoserie des „Bildberichterstatters" des Volksblattes, Franz Krieger, in der Ausgabe vom 12. März 1938. Unter der Überschrift „Bildbericht aus den letztvergangenen, wildbewegten Tagen in Salzburg" dokumentierten acht Fotos die Machtübernahme. Mit den Nummern 1 und 3 sind die „letzten nationalsozialistischen Opfer" von Polizisten in der Nacht von 11. auf 12. März und dazwischen Polizei-Zentralinspektor Georg Fürst abgebildet. Der Polizeibeamte wurde nach dem „Anschluss" in „Schutzhaft" genommen und wegen seines Vorgehens gegen illegale Nationalsozialisten vor Gericht gestellt.

Kinder auf einem deutschen Panzer, im Hintergrund der Löchlbogen.

Am Morgen des 12. März 1938 überschritten Soldaten der deutschen Wehrmacht die Grenze, am frühen Vormittag trafen die ersten Panzerspitzen in der Stadt ein. Mittags rückten die deutschen Truppen unter dem Jubel der Bevölkerung in Salzburg ein.

Illegale grüßen auf einem LKW vor dem „Hirschenwirt" an der Elisabethstraße mit dem „Deutschen Gruß".

Am frühen Nachmittag des 12. März 1938 organisierte die Wehrmacht einen propagandistisch aufgezogenen und publikumswirksamen Durchmarsch durch die Stadt. Das Gebirgsjäger-Regiment 100 überquerte die Staatsbrücke und marschierte durch die Linzer Gasse bis nach Henndorf weiter.

Jugendliche mit Hakenkreuzfähnchen auf einem Privatauto in der Imbergstraße. Große Mengen von Fahnen und NS-Binden waren mit Lastautos für die Bevölkerung angeliefert worden.

Am Makartplatz wird am Jetzelsbergerhaus das Schild mit der 1934 erfolgten Benennung als „Dollfußplatz" entfernt und dieser provisorisch als „Adolf Hitler Platz" bezeichnet.

Die Erinnerungstafel an die Volksabstimmung des Jahres 1921 über den Anschluss Salzburgs an Deutschland am Rathausbogen war am 12. März 1938 festlich geschmückt: Ein langgehegter Wunsch war mit dem „Anschluss" in Erfüllung gegangen. Die Bevölkerung hoffte auf eine bessere Zukunft und setzte große Erwartungen in die neuen Machthaber.

Nach dem Gesetz über die Wiedervereinigung Österreichs mit dem Deutschen Reich wurde am 13. März 1938 der Grenzbaum bei Rott abgesägt. Im Bildhintergrund die Saalachbrücke in Blickrichtung Freilassing.

Ebenfalls am 13. März erfolgte die Entfernung des Schlagbaums beim österreichischen Zollhaus am Walserberg durch die Hitlerjugend. Die noch angebrachte Tafel „Links fahren" belegt, dass das Foto in Blickrichtung Salzburg aufgenommen wurde.

Die Hitlerjugend entfernte auch die Zollamtsplatz-Tafel am Walserberg. Die Symbole der Grenze wurden von der HJ am Salzburger Residenzplatz verbrannt.

Nach der Vereidigung von Bundesheer sowie Landes- und Stadtverwaltung, deren Spitzenposten mit Nationalsozialisten neu besetzt wurden, legte die Salzburger Exekutive am 18. März 1938 am Domplatz den Eid auf den Führer ab. Am Rednerpult hielt Oberst der Gendarmerie Emil Höring, vom „Anschluss“ bis Ende April 1938 Kommandeur der Polizeigruppe Salzburg, seine Ansprache. Die Vereidigung der Polizei nahm Zentralinspektor Dr. Ambros Pitter vor.

Nach dem „Anschluss“ begannen die „Säuberungen“ und auch die ersten Transporte nach Dachau. Österreichweit wurden in den ersten Tagen nach der Machtübernahme rund 60.000 – nach anderen Angaben über 70.000 – Menschen, darunter Politiker, Intellektuelle, Funktionäre des Ständestaates bzw. der Ersten Republik und vor allem Juden, verhaftet und in das KZ Dachau gebracht. Ein Teil von ihnen wurde später wieder freigelassen. Ca. 16.000 Österreicher/innen (ohne jüdische Mitbürger/innen) kamen in Konzentrationslagern ums Leben, eben so viele in Gefängnissen der Gestapo bzw. in den besetzten Ländern. Am 21. März 1938 fand in Salzburg und Hallein eine erste Kampagne gegen jüdische Geschäfte statt. In der Salinenstadt war das Geschäft „Fritz Kral“ betroffen. Ein Transparent mahnte: „Kauft nicht bei Juden“.

Am 22. März 1938 kam Reichsführer SS Himmler per Flugzeug nach Salzburg und fuhr zum SS-Sportplatz, dem früheren Kolping-Sportplatz im Nonntal, wo 743 Männer der SS-Standarte 6, zum Teil noch ohne Uniform, zum ersten Appell vor ihrem Reichsführer angetreten waren. Es handelte sich ausschließlich um SS-Männer, die in der Verbotszeit illegal organisiert gewesen waren, darunter Mitglieder von Gendarmerie und Polizei. Das markante Bild mit dem Kloster Nonnberg im Hintergrund wurde mit dem Bildtext „Das Sieg-Heil auf den Führer“ auch im „Salzburger Volksblatt“ veröffentlicht.

Mit dem Besuch von Reichsmarschall Hermann Göring am 2. April 1938 begann die Verwandlung der Stadt zu einer Bühne für die Auftritte der neuen Machthaber. Propagandistische Technik und inszenatorischer Pomp gaben nicht nur der Staatsbrücke ein neues Gesicht.

Photographen, Achtung!

Aus gegebener Veranlassung weise ich darauf hin, daß bei den Besuchen des Generalfeldmarschalls Göring und des Führers in unserer Stadt lediglich solchen Pressephotographen Gelegenheit gegeben ist, für berufliche Zwecke Aufnahmen zu machen, die im Besitze

1. einer gelben, mit dem Dienststempel der Geheimen Staatspolizei versehenen Armbinde sind und
2. sich durch einen von der gleichen Dienststelle ausgestellten Ausweis legitimieren können.

Die gelbe Armbinde ist von den Pressephotographen selbst zu beschaffen.

Die Abstempelung der Armbinde und die Ausstellung des Dienstausweises erfolgt nur mit Zustimmung der Gauleitung, Abt. Propaganda-Amt.

Die interessierten Photographen werden deshalb ersucht, zunächst eine Zustimmungserklärung bei der Gauleitung einzuholen.

Alle nicht auf diese Weise gekennzeichneten Pressephotographen haben keinen Zutritt zu den vorerwähnten Veranstaltungen. Die Absperrmannschaften sind angewiesen, sie unbedingt zurückzuweisen.

Geheime Staatspolizei, Staatspolizeistelle Salzburg.
Der Leiter: Müller.

Aufruf der Geheimen Staatspolizei „Photographen, Achtung!" vom 1. April 1938.

Reichsmarschall Göring fuhr in seinem Auto durch den Rathausbogen über die Staatsbrücke zum Platzl, wo er von Gauleiter Wintersteiger begrüßt wurde. Man hatte umfangreiche Verkehrsmaßnahmen getroffen, das Stadtinnere war zum Sperrgebiet für Fahrzeuge erklärt und das Verlassen des Bürgersteigs untersagt worden. Pressefotografen benötigten erstmals einen Ausweis des Propaganda-Amtes, um Zutritt zu erhalten.

Die Rednerbühne für den Auftritt von Hermann Göring wurde vor dem Eingang zur ehemaligen erzbischöflichen Residenz errichtet. Der Residenzplatz diente dem Reichsmarschall, so wie in der Folge für zahlreiche weitere NS-Machthaber, für seine dramaturgisch inszenierte Großveranstaltung.

Zwei Tage nach Hermann Göring kam am 4. April 1938 der Reichsjugendführer Baldur von Schirach nach Salzburg. 6291 Jungen und Mädchen der HJ und des BDM waren aus diesem Anlass am Residenzplatz angetreten. Gemeinsam mit Gauleiter und Landeshauptmann Dipl.-Ing. Wintersteiger (links in Zivil) begrüßte der Reichsjugendführer angetretene HJ-Führer und hielt nach Einleitungsworten des Lehrers Ingo Ruetz und von Bannführer Ernst Fürböck (im Bild hinter bzw. neben Schirach) seine Ansprache. Angetreten waren (v. r. n. l.): Walter Jesch, Walter Leitner, Franz Neidl, Otto Kainz, Leo Leibetseder, Dr. Erwin Niedermann, Josef Dürfeld (halbverdeckt), Dr. Helmut Amanshauser (von Schirach voll verdeckt), Heinrich Schiff, Benno Hesske und Hans List.

Am 6. April 1938, vier Tage vor der Abstimmung über den Anschluss Österreichs an das Deutsche Reich, traf der „Führer" Adolf Hitler am Salzburger Bahnhof ein. Gauleiter Wintersteiger, General der Infanterie Beyer sowie die Führer von Partei und Polizei bildeten das Begrüßungskomitee und am Bahnhofsvorplatz prangte das Spruchband „Salzburg grüßt seinen Befreier". Hitler fuhr durch die Stadt, wurde von Bürgermeister Giger in der Residenz empfangen und begab sich danach zum Hotel „Österreichischer Hof". 50.000 Personen sollen an der Führer-Kundgebung teilgenommen und 6000 SA- und SS-Männer als Ordner fungiert haben.

Adolf Hitler fuhr mit dem Auto vom „Österreichischen Hof“ zum Festspielhaus, wo er vor 3000, vorwiegend „alten Kämpfern“ seine Rede zur bevorstehenden Anschluss-Abstimmung hielt. Die „Führer“-Rede wurde durch zahlreiche Lautsprecher in der Stadt übertragen. Hitler nächtigte im „Österreichischen Hof“ und fuhr am nächsten Tag zum Walserberg, um den Spatenstich für die Reichsautobahn vorzunehmen.

Am 7. April 1938 um 11 Uhr nahm Adolf Hitler am Walserberg den Spatenstich zum Beginn der Bauarbeiten an der Reichsautobahn vor. Bereits zuvor hatte eine Feierstunde mit österreichischen Autobahnarbeitern am Residenzplatz stattgefunden und in der Galerie Welz war eine Ausstellung über „Die Straßen des Führers" eröffnet worden.
10.000 KdF-Fahrer aus Österreich und 5000 aus dem Deutschen Reich wurden von der „Österreichischen Legion" vom Bahnhof abgeholt und zum Walserberg gebracht, so dass 30.000 Personen am Festgelände aufmarschiert waren. Kriegers querformatige Aufnahme vom Spatenstich des „Führers" erschien am 8. April 1938 als Titelbild des „Salzburger Volksblattes".

Auch die Geschäftsauslagen waren mit NS-Symbolen dekoriert, wie jene der Firma Krieger an der Churfürststraße im April 1938.

Im Vorfeld der Abstimmung hatten der Wiener Kardinal Innitzer und die österreichischen Bischöfe den Anschluss in einer „Feierlichen Erklärung" befürwortet und der Kardinal diese Stellungnahme mit „Heil Hitler" unterzeichnet. Auch führende österreichische Sozialdemokraten und Künstler traten öffentlich für ein „Ja" ein.
Die Erklärung der österreichischen Bischöfe und ein Abstimmungsplakat waren auch am jüdischen Geschäft Weinstein in der Rainerstraße plakatiert (Aufnahme vom 15. April 1938).

Die Auftritte höchster NSDAP-Funktionäre in der Stadt waren Teil der Propaganda für die Volksabstimmung, die am 10. April 1938 die Vereinigung Österreichs mit dem Deutschen Reich nachträglich absegnen sollte.
Die NS-Propaganda durchdrang alle Lebensbereiche. Fahnen, Banner und Plakate mit Parolen und dem Hakenkreuz waren an Wänden, eigens errichteten Plakatständern und Säulen angebracht. Poststempel warben um das „Ja" für den „Führer". Presse und Rundfunk waren gleichgeschaltet.

Am 10. April 1938 erbrachten die mit „Volksabstimmung und Großdeutscher Reichstag" betitelten Stimmzettel, mit denen man sich mit der „Wiedervereinigung" Österreichs mit dem Deutschen Reich einverstanden erklärte und für die Liste des Führers stimmte, in der Stadt Salzburg 99,3 Prozent Ja-Stimmen. Österreichweit waren rund 8 Prozent der Wahl- bzw. Stimmberechtigten, Juden, „Mischlinge" und aus politischen oder „rassischen" Gründen Verhaftete, von der Stimmabgabe ausgeschlossen.

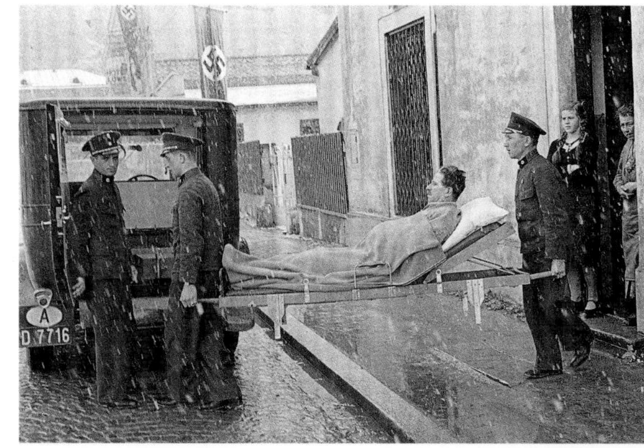

Die Rettungsgesellschaft brachte in 60 Transporten gebrechliche Menschen zur Abstimmung.

Eine Nonne wurde am Krankenbett in ihrem Kloster aufgesucht, um ihren Stimmzettel abgeben zu können.

Gauleiter und Landeshauptmann Dipl.-Ing. Anton Wintersteiger bei der Stimmabgabe.

Erzbischof Sigismund Waitz am Weg zum Abstimmungslokal im Gasthof Kasererbräu. Seine Stimmabgabe wurde im „Salzburger Volksblatt" mit den Worten „Auch der Erzbischof genügt seiner Wahlpflicht" kommentiert.

FRANZ KRIEGER ALS BILDBERICHTERSTATTER DES „SALZBURGER VOLKSBLATTES“

DIE ZEIT FÜR DEN EINSTIEG in den Beruf des Pressefotografen war eine günstige. Die Pressefotografie spielte in deutlichem Kontrast zur Zeit vor der Machtübernahme der Nationalsozialisten nun eine wesentliche Rolle. Die Fotografie gehörte zum Medium der Selbstinszenierung der NS-Herrschaft und dadurch wurde der Fotograf, dem sich nun vielfältigste Motive boten, ob er wollte oder nicht, „Propagandist“. Franz Krieger konnte – wie er ausdrücklich betonte – nach dem „Anschluss“ sämtliche aktuellen Ereignisse fotografieren, alles was ihm „interessant, aufregend und neu schien in freiem Ermessen ohne Auftrag oder parteipolitischen Zwang.“ Der Bogen spannte sich dabei von kulturellen Ereignissen über sportliche Veranstaltungen, Landschaften, Volksbräuche, Unglücksfälle, Katastrophen, bis hin zu Staatsbesuchen, Diplomaten und Veranstaltungen von Partei, Staat und Wehrmacht. Er lernte aber auch die Zensur kennen, so wurde etwa sein Bild des „hinkenden Propagandaministers“ Dr. Joseph Goebbels vom Juli 1938 entsprechend zensuriert – der Originalabzug blieb mit einem entsprechenden Vermerk allerdings erhalten.

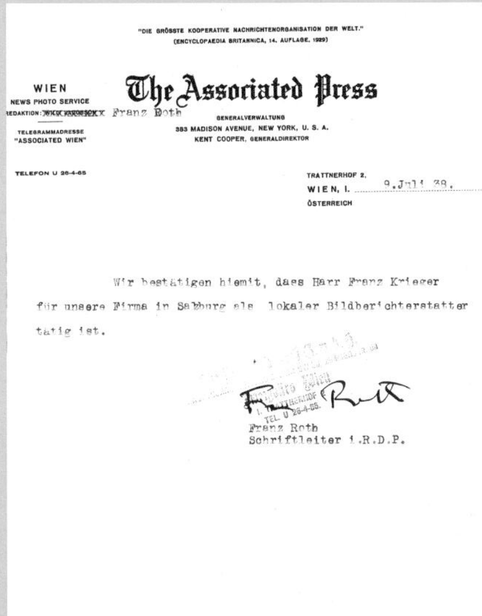

"DIE GRÖSSTE KOOPERATIVE NACHRICHTENORGANISATION DER WELT."
(ENCYCLOPAEDIA BRITANNICA, 14. AUFLAGE, 1929)

WIEN
NEWS PHOTO SERVICE
REDAKTION: Franz Roth
TELEGRAMMADRESSE
"ASSOCIATED WIEN"

The Associated Press

GENERALVERWALTUNG
383 MADISON AVENUE, NEW YORK, U. S. A.
KENT COOPER, GENERALDIREKTOR

TELEFON U 26-4-65

TRATTNERHOF 2,
WIEN, I. 9.Juli 38.
ÖSTERREICH

Wir bestätigen hiemit, dass Herr Franz Krieger für unsere Firma in Salzburg als lokaler Bildberichterstatter tätig ist.

Franz Roth
Franz Roth
Schriftleiter i.R.D.P.

Bestätigung von „Associated Press“, ausgestellt von Franz Roth am 9. Juli 1938.

Franz Krieger (rechts im Hintergrund mit Kamera) dokumentiert am 30. April 1938 die Bücherverbrennung durch die HJ am Residenzplatz.

IN DER ZEIT VOM „ANSCHLUSS“ bis zu seiner Einberufung zur Wehrmacht im November 1941 hat Franz Krieger für verschiedene Auftraggeber alle wichtigen Ereignisse in der Stadt und zum Teil auch im Land Salzburg fotografisch dokumentiert. Er arbeitete als Bildberichterstatter bzw. Sonderberichterstatter für das „Salzburger Volksblatt“, in dem in den Jahren bis 1941 mehr als 300 Krieger-Abbildungen, darunter mehrfach als Titelbilder, erschienen sind. Seine Fotos finden sich auch in der „Salzburger Landeszeitung“ und der „Salzburger Zeitung“ und zudem arbeitete er als freier Mitarbeiter für Presse-Illustrationen für die 1938 eröffnete Wiener Niederlassung von Heinrich Hoffmann. Die vom Reichsbildberichterstatter und „Leibfotografen des Führers“ gegründete „Agentur Hoffmann“ besaß damals eine ausgesprochene Monopolstellung. Krieger war zudem als lokaler Bildberichterstatter freier Mitarbeiter des Zweigbüros Wien von Associated Press, was ihm sein Freund Franz Roth bestätigte, und zur Festspielzeit arbeitete er auch als freier Mitarbeiter und Bildreporter von

Adresskleber von „Associated Press" zur Einsendung von Pressefotos.

„Mein Film in Wien. Illustrierte Film- und Kinorundschau". Am 26. Juli 1938 wurde er als „Bildberichterstatter" auch in den Reichsverband der deutschen Presse aufgenommen. Die entsprechenden Bescheinigungen, wie ein Presseausweis der Geheimen Staatspolizei Salzburg oder ein Sonderausweis für den Goebbels-Besuch im Juli 1938, ermöglichten es Krieger „generell Absperrungen" zu „durchschreiten" und erneut hautnah am Geschehen zu sein.

NACH DEM „ANSCHLUSS" wurde Franz Krieger per 1. Mai 1938 mit der Mitgliedsnummer 6.343.777 in die NSDAP aufgenommen. Zudem war er seit 20. März 1938 SS-Bewerber bei der SS-Standarte 3/76 und wurde von dieser im Dezember 1938 auf eigenes Verlangen zum SS-Pioniersturm 2/15 des SS-Oberabschnitts Alpenland überstellt. Am Geburtstag des „Führers", am 20. April 1941, wurde er zum SS-Staffel-Rottenführer (Oberschütze) befördert. Die SS-Rotte war die kleinste Einheit der Schutzstaffel, sie umfasste vier Mann, die dem Rottenführer unterstellt waren.

Der Bildberichterstatter
Franz Krieger fotografiert
Weltmeister „Bubi“ Bradl.

BERUFLICH HATTE FRANZ KRIEGER neben der Pressetätigkeit ein zweites Standbein als Angestellter der Landeshauptmannschaft Salzburg gefunden. Gauleiter und Landeshauptmann Dr. Friedrich Rainer, der im Mai 1938 von Adolf Hitler persönlich als Nachfolger von Dipl.-Ing. Anton Wintersteiger eingesetzt worden war, nahm Krieger ab September 1938 als Aspirant des höheren Verwaltungsdienstes im Bereich der politischen Verwaltung auf und wies ihn der Landeshauptmannschaft zu. Krieger wurde Betriebsprüfer der Abteilung VIII (Preisbildung, Preisüberwachung, Devisenstelle), deren Dienststelle sich im zweiten Stock des Chiemseehofes befand. Später war die „Preisstelle“ eine Unterabteilung der Behörde des Reichsstatthalters SS-Brigadeführer Dr. Friedrich Rainer. Krieger war aufgrund seiner beruflichen Tätigkeit vom Wehrkreiskommando Salzburg u. k., also „unabkömmlich“, gestellt.

Aus Anlass des Geburtstages von Adolf Hitler hielt die Wehrmacht am 20. April 1938 eine Parade ab. Zum ersten Mal paradierten deutsche und deutsch-österreichische Truppen unter dem Befehlshaber des neu geschaffenen Wehrkreises XVIII, General der Infanterie Eugen Beyer, der die Front abschritt.
Auch die Hitlerjugend, hier beim Marsch vom Mirabellplatz in die Dreifaltigkeitsgasse, nahm an der Parade teil.

In der Stadt Salzburg lebten vor 1938 rund 200 jüdische Mitbürger, darunter 19 Gewerbetreibende, gegen die sich der „Boykott“ von „Judengeschäften“ am 23. April 1938 wandte.
Durch Aufkleber an den Schaufenstern als „Judengeschäft“ angeprangert war unter anderem „Pasch Schuhe“, geführt von Friedrich Pasch, in der Dreifaltigkeitsgasse 20.

Von einer SA „bewacht“ wurde auch das Geschäft von Oswald Löwy am Mirabellplatz Nr. 6.
Der SA-Posten sollte das Betreten des Ladens, der Kurz- und Wirkwaren, Spielsachen und Andenkenartikel führte, verhindern. Oswald Löwy, seit 1894 Kaufmann in Salzburg, war 1935 verstorben. Seine Witwe Amalie flüchtete nach Prag und wurde 1942 nach Polen deportiert und vermutlich in Lublin-Majdanek ermordet.

"NERO" STR
Ein Besuch unserer reichsortierten Damenwäsche Abteilung lohnt sich immer
KS
Judengeschäft

S SCHWARZ
Judengeschäft

Das größte jüdische Geschäft in der Stadt war das Kaufhaus S. L. Schwarz am Alten Markt 12 und Kranzlmarkt 4 und 5. So wie alle anderen jüdischen Betriebe wurde das seit 1908 bestehende Kaufhaus Schwarz nach Einziehung der Gewerbeberechtigung „arisiert". Der Geschäftsleiter und Miteigentümer Walter Schwarz wurde mehrfach verhaftet und beging am 1. September 1938 in der Gestapohauptstelle München Suizid. Die enteigneten Liegenschaften wurden 1948 restituiert, das Kaufhaus Schwarz wieder eröffnet und 1962 verkauft.

Das Kaufhaus L. Ornstein, eine Handelsgesellschaft für Konfektionswaren in der Getreidegasse 24, ging, wie ein Inserat besagte, „im Wege der Arisierung" an Kurt Thalhammer über.

In Salzburg fand am 30. April 1938 auf einem Holzstoß vor dem Residenzbrunnen die einzige öffentlich inszenierte Bücherverbrennung in Österreich statt. 1200 Werke jüdischer Schriftsteller und Künstler und vor allem auch Schriften katholischer Autoren und Politiker des Ständestaates wurden durch die Hitlerjugend am Residenzplatz verbrannt. Die Bücher entstammten Leihbüchereien, Buchhandlungen und privaten Haushalten. Diese „symbolische Verbrennung jüdischer und klerikaler Bücher" wurde vom Salzburger Nationalsozialistischen Lehrerbund, an dessen Spitze damals Landesrat Karl Springenschmid als Gauwalter stand, organisiert.

Am 30. April 1938 wurde unter Teilnahme der Zimmermannszunft sowie von HJ und BDM ein Maibaum am Residenzplatz aufgestellt. Das NS-Regime griff bewusst auf Traditionen der Volkskultur zurück und versuchte mit großen Feiern die bisherigen Feste zu übertrumpfen. Der 1. Mai wurde nun zum „nationalen Feiertag des deutschen Volkes" und mit Betriebsfeiern begangen.

Am 1. Mai marschierten Betriebsgemeinschaften, wie jene des Verlagshauses Kiesel oder der Bäckerinnung, von fünf Sammelplätzen in der Stadt zum Residenzplatz. Die Marschordnung der ausschließlich „männlichen Volksgenossen" sah den Musikzug an der Spitze, gefolgt vom Marschsäulenführer, einem SA-Sturmführer, sowie der Fahnengruppe, Ehrenabordnungen der SA, des NSKK und der Betriebe sowie der SS vor. Am Residenzplatz wurden Reden von Reichsminister Dr. Goebbels, Reichsorganisationsleiter Dr. Ley und des „Führers" per Lautsprecher übertragen.

Am 16. Mai 1938 nahm Generalfeldmarschall Hermann Göring den Spatenstich für das Tauernkraftwerk in Kaprun vor.
Der Festakt wurde von Trachtengruppen aus nah und fern umrahmt.

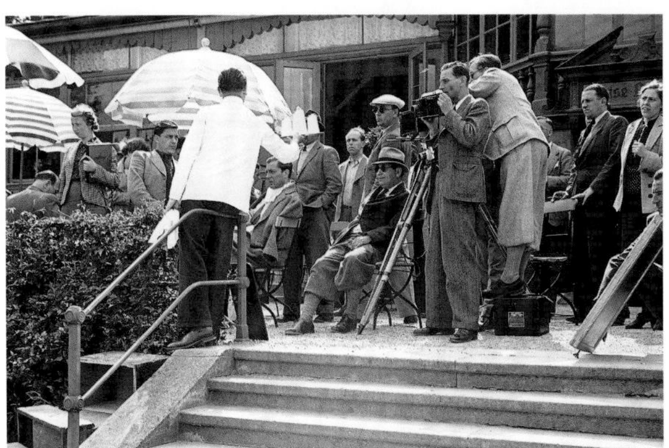

Im Juni 1938 drehte „Tobis-Berlin“ unter Regie von Hans Deppe beim Restaurant „Elektrischer Aufzug“ am Mönchsberg den Film „Die Scheidungsreise“. Die Hauptrollen hatten Heli Finkenzeller und Viktor de Kowa, in der UFA-Zeit eine der bedeutendsten Persönlichkeiten der Filmkomödie. In der Drehpause gab Heli Finkenzeller Autogramme.

Anlässlich der gemeinsamen Sonnwendfeier von SS und HJ am Mönchsberg nahe der Richterhöhe führte die SS am 21. Juni 1938 ein germanisches Sonnenspiel auf.

Der Spielmannszug und die Bannfahne der Hitlerjugend waren über dem fahnenverkleideten Tor zum Wasserspeicher positioniert, vor dem die Ehrengäste mit Blickrichtung zum Feuerplatz Aufstellung genommen hatten.

SS-Standartenführer Dr. Friedrich Rainer (2. v. l.) hatte am 24. Mai 1938 Dipl.-Ing. Anton Wintersteiger als Gauleiter von Salzburg abgelöst. Wintersteiger (neben Rainer in SA-Uniform) wurde Gauleiter-Stellvertreter. Ganz links neben Gauleiter Rainer SS-Oberführer Hanns Feil, der Hauptamtliche Führer des SS-Abschnitts XXXVIII und Befehlsgeber für die Morde in der Progromnacht am 9. November 1938 in Innsbruck.

Am 7. Juli 1938 fand die erste Arrangierprobe zu Goethes „Egmont“ für die Spielsaison 1938, die ersten Festspiele unter NS-Herrschaft, statt. Künstler und Publikum hatten sich geändert, jüdische Darsteller und Besucher waren verschwunden. Die neuen Machthaber versuchten aber, den internationalen Charakter der Festspiele fortzuführen. Das Bild zeigt Regisseur Heinz Hilpert (auf dem Tisch sitzend) bei einer Textprobe, dahinter ist der Gartenzaun der „Egmont-Stadt“ von Ernst Schütte in der Felsenreitschule zu sehen.

Stellprobe zu Egmont:
Frieda Richard („Klärchens Mutter“) und Hans Thimig („Brackenburg“).

Heinz Hilpert bespricht mit Angela Salloker die Rolle des Klärchens.

Heinz Hilpert (l.) und Elisabeth Flickenschildt, die „Regentin“ der Egmont-Produktion.

Kostüminspektor Gericke erläutert Burgschauspieler Ewald Balser („Egmont“) die Entwürfe der Egmont-Kostüme.

Probe mit Werner Krauß („Herzog Alba"), einem der herausragenden Künstler seiner Zeit. Der „Staatsschauspieler" und zeitweilige stellvertretende Präsident der Reichstheaterkammer wirkte am NS-Propagandafilm „Jud Süß" mit und hatte nach 1945 zeitweiliges Berufsverbot.

Der Film- und Theaterschauspieler Albin Skoda, „Ferdinand" im Egmont, vor der Hofmarstallschwemme am heutigen Herbert-von-Karajan-Platz, aufgenommen am 20. Juli 1938.

Maria Cebotari vor dem Festspielhaus und im Botanischen Garten, aufgenommen am 20. Juli 1938. Die geschätzte Interpretin großer Frauenrollen in den Opern von Mozart, Strauss, Verdi und Puccini spielte 1938 die „Zerlina“ in der Oper „Don Giovanni“.

Der schwedische Tenor Set Svanholm von der Königlichen Oper Stockholm, „Walter von Stolzing“ in den „Meistersingern“, am 20. Juli 1938 im Sterngarten.

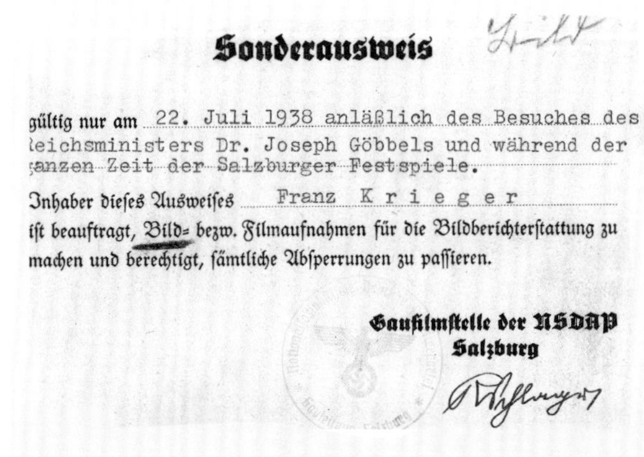

Sonderausweis

gültig nur am 22. Juli 1938 anläßlich des Besuches des Reichsministers Dr. Joseph Göbbels und während der ganzen Zeit der Salzburger Festspiele.

Inhaber dieses Ausweises Franz Krieger

ist beauftragt, Bild= bezw. Filmaufnahmen für die Bildberichterstattung zu machen und berechtigt, sämtliche Absperrungen zu passieren.

Gaufilmstelle der NSDAP
Salzburg

Sonderausweis für Franz Krieger für den Goebbels-Besuch am 22. Juli 1938 und während der Festspiele.

Am 21. Juli 1938 aufgenommene Bilder von der Probe zu Richard Wagners „Die Meistersinger von Nürnberg“. Das Bühnenbild zeigt die Festwiese (Ausstattung Robert Kautsky) mit Set Svanholm als „Walter von Stolzing“ beim Preislied. Der Dirigent Wilhelm Furtwängler (im Bild mit Set Svanholm) übernahm 1938 das erste Mal in Salzburg die Leitung einer Oper.

Am 22. Juli 1938 besuchte Propagandaminister Dr. Joseph Goebbels St. Wolfgang und wurde dabei vom Schauspieler Emil Jannings (rechts von Goebbels) begleitet, der ein Haus in Strobl am Wolfgangsee besaß. Jannings wurde aufgrund seiner Nähe zu den nationalsozialistischen Machthabern nach 1945 mit einem lebenslangen Auftrittsverbot belegt. Das Bild mit dem deutlich erkennbaren „Hinkebein" des Propagandaministers wurde von der Zensur gesperrt und nur ein Bildausschnitt publiziert.

Von St. Wolfgang reiste Goebbels nach Salzburg weiter, wo er im Hotel „Österreichischer Hof" abstieg. Er wurde in der Schwarzstraße von einer Ehrenformation der Gliederungen der HJ mit einem Spielmannszug begrüßt. Der Propagandaminister unternahm eine Rundfahrt durch die beflaggte Stadt, besuchte Kleßheim und hielt eine Rede am Residenzplatz.

Am 23. Juli 1938 wurden die „Ersten Festspiele im Reichsgau Salzburg" in Anwesenheit von Reichsminister Dr. Goebbels und Reichsstatthalter Dr. Seyss-Inquart mit Richard Wagners „Die Meistersinger von Nürnberg" eröffnet.

Zu den Festspielen 1938 kam auch der Stellvertreter des Führers, Rudolf Hess, nach Salzburg und besuchte den „Don Giovanni". Er wurde bei der Fahrt über die Staatsbrücke von einem Jungen mit Blumen erwartet und fuhr zur Residenz (im Bildhintergrund „Fotobedarf Stranger", Residenzplatz 4), wo ihm die führenden Männer der Partei und des Staates und „verdiente Kämpfer" im Gau Salzburg vorgestellt wurden. Hess trug sich auch in das Goldene Ehrenbuch der Stadt Salzburg ein.

Anlässlich der Eingliederung des Salzburger Infanterie-Regiments Nr. 12 in die Deutsche Wehrmacht wurde in der Hellbrunner Kaserne am 30. Juli 1938 die Traditionsfahne des früheren IR 59, „Erzherzog Rainer", feierlich übergeben. Ansprachen hielten Regimentskommandeur Oberstleutnant Nake, der kommandierende General der Infanterie Beyer, Oberbürgermeister Giger und anstelle des verreisten Gauleiters SA-Oberführer Hans Glück. Ein neu gebildetes Bataillon übernahm mit 1. August die Tradition des Salzburger Hausregiments.

Am 4. August 1938 besuchte die bekannte Schauspielerin und Bühnendarstellerin Angela Salloker mit Freunden die Badeanstalt im Franz-Josef-Park. Ihre Filmkarriere hatte mit der Titelrolle in „Das Mädchen Johanna“ (1935) den Höhepunkt erreicht, später spielte die Mitwirkende der Festspiele der Jahre 1938 bis 1941 nur mehr Theaterrollen.

Der Fotograf hielt nicht nur die bekannte Künstlerin bildlich fest, sondern auch mehrere Badeszenen.

Impressionen aus dem „Franz-Josef-Bad“, das in der NS-Zeit den neuen Namen „Volksgartenbad“ erhielt, aufgenommen am 4. August 1938.

Im Zuge seiner „Ostmarkreise" besuchte Reichsminister Wilhelm Frick am 18. August 1938 in Salzburg die von Josef Mühlmann zusammengestellte Ausstellung „Salzburgs bildende Kunst in Meisterwerken von der Vorgeschichte bis ins 19. Jahrhundert" in der Aula der Universität.

Minister Frick mit Gemahlin im Gespräch mit Minister a. D. Dr. Glaise-Horstenau (r. Bildrand) und Landesstatthalter Dr. Reitter (l.) vor der Pachermadonna aus der Franziskanerkirche.

Empfang in der Residenz zu Ehren der an den Festspielen mitwirkenden Künstler am 18. August 1938. Im Bild (v. l.) Gauleiter Rainer, Staatsrat Generalmusikdirektor Dr. Furtwängler, Frau Frick und Reichsminister Frick. An der Spitze der Künstler waren außer Wilhelm Furtwängler auch Generalmusikdirektor Dr. Karl Böhm und Staatskapellmeister Meinhard von Zallinger eingeladen.

Training zur Deutschen Bergmeisterschaft im Motorsport, die erstmals am Glockner auf der 12,5 km langen Strecke von Ferleiten zum Fuschertörl ausgetragen wurde. Manfred von Brauchitsch (Nr. 81), neben Hermann Lang der zweite prominente Mercedes-Benz-Fahrer, wird zum Start geschoben (26. August 1938).

Am 28. August 1938 befuhren – vielbeachtet – vor dem Rennstart zwei VW-Testwagen (KdF-Wagen) mit Prof. Dr. Ferdinand Porsche die Großglockner-Hochalpenstraße.

Tagesbestzeit beim Rennen fuhr mit 20 Minuten 10 Sekunden (74,67 km/h) Hans Stuck auf Auto-Union, der damit Deutscher Bergmeister wurde und Hermann Lang und Manfred von Brauchitsch auf die Plätze zwei und drei verwies. Die Siegerehrung nahm NSKK-Korpsführer Adolf Hühnlein vor.

Am 2. September 1938 wurde der zuvor von der Altkatholischen Kirche für Gottesdienste verwendete Marmorsaal dem Standesamt Salzburg übergeben. Der nach Plänen von Architekt Josef Rieser und Technischen Rat Georg David erfolgte Umbau zum Trauungsraum war notwendig geworden, da das deutsche Recht standesamtliche Trauungen vorschrieb. Auf einer rechts und links von Hakenkreuzfahnen umgebenen Balustrade nahmen die Standesbeamten die Trauung vor. Dem Eingang gegenüber war eine Führer-Büste des Bildhauers Leo von Moos aufgestellt. Jedes Brautpaar erhielt als Geschenk der Stadtgemeinde Hitlers „Mein Kampf" mit einer Widmung des Oberbürgermeisters.

Am 4. September 1938 wurde im Festspielhaus durch Gauleiter Dr. Rainer die Ausstellung „Entartete Kunst“ eröffnet. Diese Wanderausstellung war zuvor in München, Berlin, Leipzig und Düsseldorf gezeigt worden, um – wie das „Volksblatt“ seine Leser informierte – „die jüdisch-bolschewistische Zersetzungsarbeit auf den einzelnen Gebieten des kulturellen und politischen Lebens in Wort und Bild zu zeigen“. Die Ausstellung wurde im Auftrag des Propagandaministeriums vom „Institut für Deutsche Kultur und Propaganda“ durchgeführt.

Trotz eines 32-seitigen Ausstellungsführers konnten nur wenige der in Salzburg gezeigten und durch Fotos dokumentierten Kunstwerke identifiziert werden, darunter Marc Chagalls Werk „Die Prise“, geschaffen 1911/12, angekauft 1928 um 4500 Reichsmark von der städtischen Kunsthalle Mannheim. Mit der Bezeichnung „Rabbiner“ 1937/38 ausgestellt, wurde das Bild 1939 versteigert und befindet sich im Kunstmuseum Basel.

Der Verbleib des Gemäldes „Gott der Flieger“ von Johannes Molzahn (1892–1965) aus dem Jahr 1921, früher im Museum Essen, ist unbekannt. Im rechten Raumeck steht die abstrakte Brunnenskulptur „Wasserspeier“ von Richard Haizmann (1895–1963), ein offizieller Hamburger Auftrag aus dem Jahr 1928. Die Skulptur wurde 1937 entfernt und später eingeschmolzen.

Die Plastik „Der neue Mensch“, von Otto Freundlich (1878–1943) im Jahr 1912 geschaffen (im linken unteren Bildeck), war auch am Titelblatt des Ausstellungskatalogs abgebildet. Der deutsche Maler und Bildhauer jüdischer Herkunft, einer der ersten Vertreter der abstrakten Kunst, wurde im KZ Lublin-Majdanek ermordet. Am Großfoto ist der 1937 in London verstorbene deutsche Kunsthändler Alfred Flechtheim zu sehen, der u. a. Pablo Picasso, Paul Klee und Max Beckmann vertreten hatte und wegen seiner jüdischen Abstammung 1933 emigriert war.

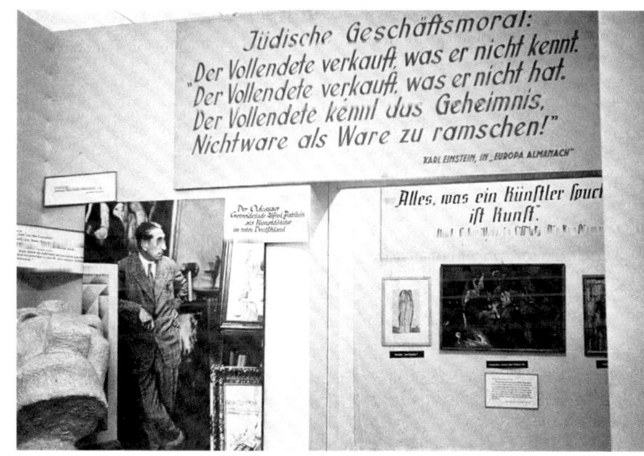

Stiegl

Gasthaus
gold. Sonne
Wiener

In Erinnerung an die Gründungsversammlung der Hitlerbewegung am 26. September 1926 im Gasthof „Zur Goldenen Sonne“ an der Gstättengasse marschierten die „Alten Kämpfer“ am 25. September 1938 von der Auerspergstraße in die Gstättengasse, wo Gauleiter Dr. Rainer am Gasthof „Zur Goldenen Sonne“ eine Gedenktafel enthüllte. Danach fand eine Gedenksitzung der Gründungsmitglieder der Ortsgruppe Salzburg statt, an der auch der erste Ortsgruppenobmann Pg. Nikolaus Donat teilnahm. Im Anschluss wurde die Umbenennung der Auerspergstraße in „Straße der SA“ gefeiert.

Im Zuge der Räumung des Franziskanerklosters, das der Geheimen Staatspolizei als Dienstgebäude zugewiesen worden war, wurden am 12. Oktober 1938 Einrichtungsgegenstände in den Hof geworfen. Das Gerücht, Beamte der Staatspolizei hätten dies durchgeführt, sollte durch Bildberichte (die Aufnahmen stammen vom 13. Oktober 1938) zerstreut werden und bereits eine Woche später wurden 16 Franziskaner wegen ihrer Protestaktion, die als demonstratives „Zerstörungswerk" eingestuft wurde, zu Arreststrafen zwischen zehn Tagen und einem Monat verurteilt. Das Franziskanerkloster diente der Gestapo als Hauptquartier, im Keller wurden Gefangene verhört und misshandelt.

„Feier des 9. November“ 1938 am Kapitelplatz. Ein Ehrenmal der SS mit der Aufschrift „Und Ihr habt doch gesiegt“ erinnerte an den Münchner Putsch des Jahres 1923. Um Mitternacht erfolgte am Kapitelplatz die Vereidigung der SS-Anwärter des Standortes Salzburg auf den „Führer“.

In der Nacht von 9. auf 10. November 1938, der so genannten „Reichskristallnacht“, wurden in einer von der NS-Führung gelenkten Aktion fast sämtliche Synagogen und jüdischen Geschäfte im Deutschen Reich zerstört. In der Stadt Salzburg, in der nur mehr 90 jüdische Bürger lebten, drangen 40 bis 50 SA-Männer in die Synagoge und die sieben noch nicht „arisierten“ Geschäfte ein. Die Gestapo verhaftete 41 jüdische Männer, die nach Dachau deportiert wurden. Medial wurde das Bild eines spontanen Wutausbruchs der Bevölkerung vermittelt. Franz Krieger dokumentierte am Morgen des 10. November die Verwüstung der Synagoge an der Lasserstraße sowie der jüdischen Geschäfte in der Stadt.

Im Garten der Synagoge wurden ein jüdischer Gebetsschal (Tallit) und ein Gebetbuch gepfählt und persiflieren offensichtlich ein Grabkreuz.

„Del-Ka“-Schuhindustrie- und Handels-A.-G., Dreifaltigkeitsgasse 9.

Wäsche- und Wirkwarenhandlung Anna Pollak an der Rainerstraße. Anna Pollak lebte seit ihrer Geburt 1873 in Salzburg und führte bis zur „Reichskristallnacht“ das elterliche Geschäft im Haus Rainerstraße 4. Sie wurde nach Wien vertrieben, 1942 nach Theresienstadt deportiert und in Treblinka ermordet. Bereits am 10. November 1938 wurde die mit sofortiger Wirkung gültige „Zurücknahme“ der Gewerbescheine der jüdischen Betriebe kundgemacht und fünf Tage später die Schließung der Geschäfte behördlich überprüft.

Antiquitätenhandel Therese Spiegel, Getreidegasse 34. Therese Spiegel wurde, so wie Anna Pollak, am Tag nach der „Reichskristallnacht“ bei Aufräumarbeiten vor ihrem Geschäft fotografiert. Sie betrieb mit ihrem Gatten, dem Kaufmann Bela Spiegel, seit 1906 in Salzburg einen Antiquitätenhandel. Beide flüchteten nach Wien und wurden 1942 nach Theresienstadt deportiert. Bela Spiegel starb in Theresienstadt, seine Gattin Therese wurde nach der Überstellung im Vernichtungslager Treblinka ermordet.

Rudolf Fürst, Galanteriewarenhandel, Linzer Gasse 5.

Martha Stein, Parfümeriehandel, Linzer Gasse 5.

Kleiderhaus „Zum Touristen“, Linzer Gasse 28, geführt von Theodor Kurtz. Der zum altkatholischen Glauben konvertierte Schneidermeister Theodor Kurtz, seit 1902 Eigentümer des Hauses Linzer Gasse 28, lebte ab 1938 in Wien und kam 1943 im Zuchthaus Stein an der Donau zu Tode.

Am 16. November 1938 warb Prinz August Wilhelm von Preußen in SA-Uniform im Festspielhaus für die „Führer-Winterhilfe". Der vierte Sohn des deutschen Kaisers Wilhelm II. war bereits 1930 in die NSDAP eingetreten und bekleidete als SA-Obergruppenführer den zweithöchsten Dienstgrad der SA. Der Preußen-Prinz wurde bei Wahlen als Stimmenfänger und als Werbeträger für die Seriosität der NSDAP eingesetzt und galt als ausgesprochener Zuschauermagnet.

Nach einer Truppenparade, in der auch die alten Fahnen der österreichischen Armee mitgetragen wurden, übergab der Oberbefehlshaber der Heeresgruppe 5, General der Infanterie List, am 27. November 1938 am Kapitelplatz die neuen Fahnen und Standarten des Dritten Reiches an die Truppenteile des XVIII. Armeekorps (Alpenkorps). General List begrüßte dabei auch österreichische Veteranen des Ersten Weltkriegs. Danach rückten die Truppen mit den neuen Feldzeichen über die Staatsbrücke in ihre Standorte ein.

Am 17. Dezember 1938 waren am Residenzplatz die ersten drei VW-Prototypen zu sehen, die Ehrengäste auf den Gaisberg brachten. Auch am darauffolgenden Sonntag waren die Fahrzeuge ausgestellt. Gleichzeitig sammelte die Hitlerjugend für das Winterhilfswerk und das Jungvolk veranstaltete einen „Märchen-Festzug“ durch die Stadt. Der „Rübezahl“ nutzte das Interesse am KdF-Wagen, um für das Winterhilfswerk zu sammeln. Beim Sammelergebnis des „1. Winterhilfswerks 1938/39“ lag der Gau Salzburg pro Kopf gerechnet an erster Stelle unter allen Gauen des Reiches.

Am 11. Januar 1939 fand die erste Sitzung der Ratsherren der Gauhauptstadt Salzburg im neu gestalteten Rathaussaal statt, den ein großes Hoheitszeichen und darunter das Bild des „Führers", sowie links und rechts davon zwei Gobelins mit NS-Motiven, zierten. Gauleiter Dr. Friedrich Rainer (sitzend) hatte als Beauftragter der NSDAP 30 Ratsherren ernannt, mit deren Zustimmung er nunmehr Oberbürgermeister, Bürgermeister und Beigeordnete bestellte. Schriftführer der Sitzung war der städtische Referendar und NSKK-Scharführer Dr. Bruno Schmid (stehend).

Gauleiter Dr. Rainer (stehend) führte Oberbürgermeister Anton Giger (links vom Gauleiter sitzend) und Bürgermeister Dr. Franz Lorenz (rechts) sowie den Stadtkämmerer Direktor Josef Girlinger und Stadtrat Dipl.-Ing. Franz Feichtner (links) in ihre Ämter ein.

Sepp („Bubi") Bradl wird am 4. März 1939 am Südtirolerplatz von SA-Oberführer Hans Glück, Ratsherr der Gauhauptstadt Salzburg, begrüßt. Der Salzburger SA-Sturmführer, beschäftigt beim Sporthaus Lanz, war 1939 deutscher Meister und dann in Zakopane mit erst 20 Jahren jüngster Weltmeister im Skispringen (Spezialsprunglauf) geworden.

Am 11. März 1939 nahm der „Traditionsfackelzug“ jenen Weg durch die Stadt, der für den „Nationalen Fackelzug“ am 21. Februar 1938 gewählt worden war. Das Lichterband der Fackeln bewegte sich über die Staatsbrücke zum Residenzplatz, wo vor der Landeshypothekenbank die Rednertribüne aufgebaut war.

Die Auslage der Buchhandlung Mora, aufgenommen am 17. März 1939.

Am 18. und 19. März 1939 trafen sich 77 Kreiswalter, Bezirksschulinspektoren und Dienststellenleiter zu einem Kurzlager des NS-Lehrerbundes Salzburg auf der Gauschulungsburg Hohenwerfen, die erst 14 Tage zuvor eröffnet worden war. Nach dem Appell mit Fahnenhissung im Burghof hielt Gauleiter Rainer eine Ansprache und besuchte die Schulung. Im Schulungsraum ist ganz links der Gauwalter des NS-Lehrerbundes Landesrat Karl Springenschmid zu sehen. Der Lehrer und Schriftsteller war von 1938 bis 1945 Gau-Schulungsleiter der NSDAP im Reichsgau Salzburg sowie Reichsgauamtsleiter für Erziehung und Volksbildung, der im Landesschulrat selbstständig über sämtliche Personalangelegenheiten der Salzburger Lehrer entscheiden konnte. Er gilt als „Chefideologe“ des Salzburger Nationalsozialismus.

Reichsführer SS Heinrich Himmler sprach am 28. März 1939 im Festspielhaus zu den SS-Führern der Ostmark. Gemeinsam mit Gauleiter SS-Brigardeführer Dr. Rainer, Reichsstatthalter der Ostmark SS-Gruppenführer Dr. Seyß-Inquart, SS-Gruppenführer Kaltenbrunner (links von Himmler) und SS-Sturmbannführer Georg Wahl von der 76. SS-Standarte Salzburg (rechts) schritt er vor dem Festspielhaus die Ehrenstürme ab.

Die Abnahme der Faistauer-Fresken im Festspielhaus-Foyer durch den aus Italien stammenden und seit 1924 in Salzburg lebenden Maler und Restaurator Alberto Susat wurde von Franz Krieger am 30. März 1939 bildlich dokumentiert.
Die Fresken entsprachen nicht mehr dem neuen Stil des Festspielhauses, das durch den Reichsbühnenbildner Benno von Arent pseudobarocken Charakter erhielt.

Der 50. Geburtstag des „Führers“ und Reichskanzlers Adolf Hitler wurde mit einer Feier am Kapitelplatz begangen. Am Vorabend, dem 19. April 1939, wurden in einer „Feierstunde der Jugend“ 600 Pimpfe und Jungmädel in HJ und BDM und ebenso viele Burschen und Mädel des Jahrganges 1929 in das Jungvolk und den Jungmädelbund aufgenommen.

Am Tag nach dem „Führer-Geburtstag“, am 21. April 1939, wurde eine erste Fliegeralarm-Übung in der Stadt durchgeführt. Um 9 Uhr alarmierten in der inneren Stadt Kirchenglocken, in den äußeren Bezirken Feuerwehrsirenen die Bevölkerung, sich in die Schutzräume der Häuser und öffentliche Schutzräume zu begeben. Um 9 Uhr 15 konnte Franz Krieger Staatsbrücke, Rathaus- und Realschulplatz sowie Griesgasse (rechts die im Krieg durch Bomben zerstörte „alte Münze“) menschenleer fotografieren.

Am 20. Mai 1939 wurde das Missionshaus St. Rupert am Kreuzberg bei Bischofshofen an die Salzburger Schulstiftung und deren Sachwalter Landesrat Karl Springenschmid übergeben. Gauleiter Dr. Friedrich Rainer wurde am Bahnhof von Bischofshofen empfangen und schritt die Formationen der HJ ab.

Ansprache von SS-Obergruppenführer August Heißmeyer, direkt hinter ihm SS-Gruppenführer Ernst Kaltenbrunner und links von diesem in Wehrmachtsuniform General der Infanterie Herbert Schaller-Kalide, ab August 1939 Befehlshaber des Wehrkreises XVIII. Hinter Kaltenbrunner der aus Hofgastein gebürtige Gauleiter von Tirol-Vorarlberg, NSKK-Obergruppenführer Franz Hofer. Rechts neben Hofer SS-Oberführer Wilhelm Schroeder, der Stabsführer des SS-Oberabschnitts Alpenland. Auch der stellvertretende Gauleiter von Kärnten Franz Kutschera (2. n. l. von Schaller-Kalide) und Gauleiter Dr. Friedrich Rainer (rechts, neben ihm, am Bildrand, SS-Gruppenführer Rodenbücher) nahmen teil.

Am 1. Juni 1939 erfolgte am Kapitelplatz die Übergabe des neu gegründeten SS-Oberabschnitts „Alpenland“, der Salzburg, Tirol, Vorarlberg, Steiermark und Kärnten umfasste, an SS-Gruppenführer Alfred Rodenbücher und zugleich die Übernahme des erzbischöflichen Palais als neues „Dienstgebäude“. Der delogierte Erzbischof musste Zuflucht im Kloster St. Peter suchen.

Das Tragwerk der neuen Karolinenbrücke, aufgenommen am 6. Juni 1939. Mit dem Neubau der Brücke war wenige Tage vor dem „Anschluss" begonnen worden. Während der Bauzeit stand die flussaufwärts verschobene alte Brücke zur Verfügung. Die Baufertigstellung erfolgte im Herbst 1939.

Das 1892/93 errichtete Stadttheater, ein gründerzeitlicher Bau, wurde ab 1938 umgestaltet und mit Ausnahme des Zuschauerraumes seines neobarocken Dekors entkleidet. Am 15. Juni 1939 war das Gebäude noch vollständig eingerüstet. 1940 erfolgte die Umbenennung in „Landestheater".

Der Baufortschritt der Reichsautobahn auf der Höhe von Liefering am 15. Juni 1939. Die Trassenführung der Autobahn durchschnitt das Dorf und mehrere Häuser mussten der „Straße des Führers“ weichen. 1942 war der Bau der Reichsautobahn bis Lieferung, mit Zu- und Abfahrt zur neuen Münchner Bundesstraße, vollendet, dann wurde dieser aufgrund des Kriegsverlaufes eingestellt.

RAB-Bauarbeiter, aufgenommen am 15. Juni 1939. Nach dem „Anschluss“ schuf der Bau der Reichsautobahn zunächst 15.000 neue Arbeitsplätze. Nach Kriegsbeginn kamen zivile Zwangsarbeiter und Kriegsgefangene zum Einsatz, die zumeist in Lagern inhaftiert waren. Ein Barackenlager hinter dem Lieferinger Franzosenhügel beherbergte rund 600 Bauarbeiter, darunter französische Kriegsgefangene.

Die Trasse der Reichsautobahn am Walserberg am 16. Juni 1939. An der ehemaligen Reichsgrenze, wo Hitler seinen Spatenstich gesetzt hatte, stand die Attrappe eines von Professor Josef Thorak geplanten „Reichsautobahn-Denkmals“. Die Riesen-Skulptur „Denkmal der Arbeit“ des „Bildhauers des Führers“ blieb unvollendet.

Ebenfalls am 16. Juni 1939 dokumentierte Franz Krieger die Baufertigstellung der 130 Meter langen neuen Saalachbrücke der Reichsautobahn bei Bad Reichenhall.

Am 13. Juni 1939 feierte das Mozarteum mit einem Festakt das 25-jährige Bestehen des Mozarthauses und die Erhebung zur Hochschule für Musik. Der Salzburger Gauleiter Dr. Friedrich Rainer hielt die Festansprache. In der ersten Reihe saßen als Festgäste Minister Dr. h. c. Edmund Glaise-Horstenau (links vom Mikrophon), Reichsminister Dr. Bernhard Rust (links neben Dr. Rainer), sowie im Bild rechts vom Gauleiter der neue Direktor des Mozarteums, Generalintendant Professor Clemens Krauss, Staatskommissar SS-Standartenführer Professor Dr. Friedrich Plattner und Landesstatthalter Dr. Albert Reitter.

An den SA-Wehrwettkämpfen der SA-Gebirgsjägerbrigade 98 am Trabrennbahngelände am 24. und 25. Juni 1939 nahmen über 1000 SA-Männer teil. Führer der SA-Brigade 98 war der Ratsherr der Gauhauptstadt Salzburg SA-Oberführer Hans Glück. Die Ehrung der Sieger erfolgte durch Gauleiter Dr. Friedrich Rainer (im Wagen stehend) und den SA-Gruppenführer Paul Giesler.

Zu den bei den SA-Wehrwettkämpfen ausgetragenen Bewerben zählte auch der Mannschaftsfünfkampf.

Hans Moser probt die Rolle des „Jourdain“. Das Bild erschien am 8. Juli 1939 im Salzburger Volksblatt mit folgendem prägnanten Bildtext: Hans Moser probt. Wer möchte ihn hier nicht erkennen? „Echt Moser“, auch wenn man ihn nicht sprechen hört. Ein Bild aus der Aula vom gestrigen Freitag, Probe zu Molières „Bürger als Edelmann“ unter Leitung Heinz Hilperts. Von rechts nach links: Otto Woegerer, Elisabeth Flickenschildt, Hans Moser und Lisl Klnast.

Im Juli 1939 drehte Hans Moser in Kleßheim als Partner von O. W. Fischer mit „Wien-Film" die Filmkomödie „Anton der Letzte". Als „Perle aller hochherrschaftlichen Kammerdiener" achtete er selbstsüchtig auf den Erhalt der alten Ordnung, die ein junger Graf (O. W. Fischer) zu bedrohen schien. Aufnahmen vom 12. Juli 1939.

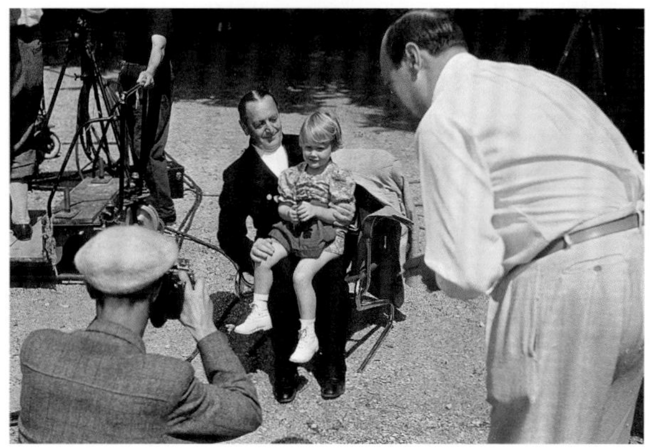

Festspielkünstler im August 1939: Mitwirkende des „Freischütz“, Michael Bohnen („Kaspar“) und Elisabeth Rutgers („Ännchen“), blicken aus einem Fenster des Festspielhauses. Fritz Krenn, der „Ochs von Lerchenau“ im Rosenkavalier, lehnt in Trachtenjoppe und Lederner am Auto, in diesem sitzt Herbert Alsen, der 1939 als Eremit und einmal auch als Kaspar im „Freischütz“ zu sehen war.

Am 1. August 1939 werden mit dem „Rosenkavalier“ in Anwesenheit von Reichspropagandaminister Dr. Joseph Goebbels die Festspiele im neu gestalteten Festspielhaus eröffnet. In der ersten Reihe der neuen „Führerloge“ haben Reichsminister Dr. Seyß-Inquart, Frau Ada Rainer, Reichsminister Dr. Goebbels, Frau Magda Goebbels und Gauleiter Dr. Rainer Platz genommen.

Anlässlich des Beginns der Festspielsaison gaben Reichsminister Dr. Goebbels und Gauleiter Dr. Rainer am 2. August 1939 einen festlichen Empfang im Schlosspark von Kleßheim. Deutsche und italienische Künstler, darunter Maestro Tullio Serafin, der Dirigent des „Falstaff“ und des „Barbier von Sevilla“, und auch der italienische Konsul Berardo Floro konnten begrüßt werden. Sie waren ebenso ein Motiv für den Fotografen, wie Magda Goebbels (mit Hut) und Ada Rainer, die Gattin des Salzburger Gauleiters.

Am 9. August 1939 besuchte der „Führer" Adolf Hitler – überraschend, wie betont wurde – das erste Mal die Salzburger Festspiele. Er wohnte der Erstaufführung des „Don Giovanni" unter Leitung von Dirigent Clemens Krauss bei und nahm in der neuen „Führer-Loge" mit Reichsleiter Martin Bormann und Gauleiter Dr. Friedrich Rainer Platz. Immer wieder musste er, wie die Medien ausführlich berichteten, begeisterte Ovationen entgegennehmen. Der Besuch des „Führers" bedeutete für die Festspiele einen gewaltigen Prestigeerfolg und sollte zudem von den massiven Kriegsvorbereitungen ablenken.

Fünf Tage nach dem Besuch der Festspiele stattete Adolf Hitler am 14. August 1939 auch dem neu gestaltetem Salzburger Stadttheater einen Besuch ab. Er nahm in der Mittelloge Platz, links von ihm Reichsleiter Martin Bormann, rechts Gauleiter Dr. Friedrich Rainer. Während einer Pause trat der „Führer" auf den Balkon des Theaters und dankte für die „stürmischen Kundgebungen".

Reichsaußenminister Joachim von Ribbentrop (rechts im Bild) wurde am 22. August 1939 vor dem Abflug nach Moskau am Flughafen Ainring von Staatsminister General a. D. Glaise-Horstenau (links) und dem deutschen Botschafter in Ankara Friedrich von Papen (Mitte) verabschiedet. Er flog mit dem Focke-Wulf-Condor-Flugzeug „Grenzmark“ zum Abschluss des Nichtangriffspaktes mit der UdSSR. Der Hitler-Stalin-Pakt garantierte Deutschland die sowjetische Neutralität bei einer Auseinandersetzung mit Polen und den Westmächten und bot Hitler dadurch die Möglichkeit, Polen anzugreifen.

Im August 1939, wenige Tage vor Kriegsbeginn, war an der Schallmooser Hauptstraße das letzte markenfreie Benzin zu erhalten. Es hatte sich daher eine lange „Tankschlange“ gebildet.

Am 1. September 1939 verkündete der „Führer“ und Reichskanzler Adolf Hitler in einer Rede vor dem Reichstag den Einmarsch deutscher Truppen in Polen, der Zweite Weltkrieg hatte begonnen. Die „Führerrede“ zum Kriegsbeginn wurde auch im Café Tomaselli übertragen. Mit dem Kriegszustand änderte sich in den folgenden Jahren das Klima im Land entscheidend: Kriegsgegner wurden isoliert, verhaftet und hingerichtet.

FRANZ KRIEGER ALS GAUBILDBERICHTERSTATTER

FRANZ KRIEGER WAR NEBEN SEINER TÄTIGKEIT als Betriebsprüfer in der Behörde des Reichsstatthalters auch als Bildberichterstatter für das ebenfalls dem Gauleiter unterstellte Gaupresseamt Salzburg tätig. Zudem fotografierte er seit dem „Anschluss“ ehrenamtlich – wie er betonte – für das Reichspropaganda-Amt. Als „Gaubildberichterstatter“ hielt er die wichtigsten aktuellen politischen, wirtschaftlichen und kulturellen Ereignisse im Reichsgau Salzburg bildlich fest. Im Februar 1939 unternahm er zudem eine Fahrt nach München, danach eine KdF-Fahrt nach Berlin und im Mai und Juni 1939 führten ihn Reisen nach Budapest, Wien und Graz.

DAS GAUPRESSEAMT BESCHEINIGTE IHM IM AUGUST 1939 ausdrücklich, dass er als „Bildberichterstatter des Gaupresseamtes“ fallweise bei wichtigen Ereignissen im Auftrage der Gauleitung eingesetzt und dafür vom SS-Oberabschnitt Alpenland zu beurlauben sei. Er sollte zudem für das Gaupresseamt die Bildberichterstattung vom Nürnberger Reichsparteitag durchführen, doch wurde der für

Franz Krieger mit Parteiabzeichen, aufgenommen 1939.

die Zeit von 2. bis 11. September 1939 geplante „Reichsparteitag des Friedens" ohne Angaben von Gründen schon Ende August abgesagt. Am 1. September 1939 begann mit dem Überfall auf Polen der Zweite Weltkrieg.

AUFGRUND KRIEGERS BILDBERICHTERSTATTUNG für Reichspropaganda- und Gaupresseamt galt sein Auto, ein Steyr 100, als Dienstfahrzeug und erhielt von der Polizeidirektion den „roten Winkel" für dringende Verwendung im öffentlichen Dienst. „Als einziger im Reichsgau Salzburg tätiger Bildberichterstatter im Reichsverband der deutschen Presse" benötigte Krieger sein Fahrzeug zur Ausübung seines Berufes. Sein KFZ wurde daher nach Kriegsbeginn von der Einberufung „freigestellt", 1942 lediglich „stillgelegt" und blieb „als Fahrzeug des Gaubildberichtserstatters Franz Krieger" noch zu Jahresende 1944 für Zwecke des Reichspropaganda-Amtes (RPA) „sichergestellt".

Franz Krieger bei Fotoaufnahmen am 20. September 1938 am Residenzplatz. Gauleiter Dr. Rainer begrüßt die aus Nürnberg zurückgekehrte SS-Standarte Salzburg.

FRANZ KRIEGER KONNTE, als Mitarbeiter der „Preisstelle“ des Reichsstatthalters u. k. – also unabkömmlich – gestellt, auch in den ersten Kriegsjahren als Pressefotograf in Salzburg arbeiten und zudem Reisen unternehmen. Im Februar 1940 verbrachte er zwei Wochen am Arlberg und besuchte im Juli 1940 die Soldaten-Festspiele in Bayreuth. Im September 1940 bescheinigte das Gaupresseamt den Auftrag, Aufnahmen für einen Fotoband über den Gau Salzburg anzufertigen und im Januar 1941 wurde dem „Bild-Berichter Franz Krieger, RPA Salzburg“ die Berechtigung erteilt, auch Schadensfotos nach Bombenabwürfen zu erstellen.

DER „GAUBILDBERICHTERSTATTER“ fotografierte häufig in der Umgebung des Salzburger Gauleiters, des nunmehrigen SS-Brigadeführers, Reichsverteidigungskommissärs und ab 1940 auch Reichsstatthalters von Salzburg, Dr. Friedrich Rainer. Auch die Familie des Gauleiters hielt er mehrfach im Bild fest. Im September 1941 wurde Krieger als Kriegsbildberichterstatter ausgebildet und beabsichtigte danach als

Betriebsprüfer aus der „Preisstelle“ auszuscheiden und in das Reichspropaganda-Amt übernommen zu werden. Mit der Bestellung seines direkten Vorgesetzten, des Gauleiters und Reichsstatthalters Dr. Friedrich Rainer zum Gauleiter und Landeshauptmann von Kärnten im November 1941, ging aber offensichtlich Kriegers bevorrechtete Stellung als u. k. gestellter Landesbediensteter und Pressefotograf zu Ende. Franz Krieger hatte zudem – wie Domprediger Josef E. Tomaschek 1948 bestätigte – „wegen innerlicher Abkehr von der SS“ unter Angabe von „Überarbeitung und körperlicher Indisposition“ seinen beabsichtigten Austritt aus der SS bekannt gegeben. Unter Rainers Nachfolger, dem Reichsstudenten- und SS-Brigadeführer Dr. Gustav Adolf Scheel, der schon vor der Gauleitung im Mai 1941 die Dienststelle des Höheren SS- und Polizeiführers im Wehrkreis XVIII und des SS-Oberabschnittes „Alpenland“ in Salzburg übernommen hatte, konnte Krieger, der zudem zur Wehrmacht eingezogen wurde, nicht mehr an die einstige Rolle als „Exklusivfotograf“ anschließen.

Franz Krieger als SS-Staffelmann, 1939. In Salzburg gehörten rund 600 Personen der SS an.
Die „neue Elite“ rekrutierte sich vorwiegend aus Akademikern, besonders Ärzten, und etablierten Geschäftsleuten.

Anlässlich der Eröffnung des Winterhilfswerkes 1939/40 im Großen Saal des Mozarteums am 13. Oktober 1939 appellierte Gauleiter Dr. Friedrich Rainer an die Opferbereitschaft der Bevölkerung. Das Winterhilfswerk sollte die Front mit der Heimat als „Innere Front“ verbinden und Spruchbänder mahnten: „Dein Opfer ist die Waffe des Friedens“ und „Heiligste Pflicht ist Opferbereitschaft“.

In einem Zeitungsartikel über die Freilegung des Nonntaltores beim Schanzl erfuhr die Bevölkerung, dass hier ein „Verteidigungsraum“ eingerichtet worden war. Krieger hat den Eingang zum Luftschutzkeller am 13. Oktober 1939 bildlich festgehalten.

Wenige Wochen nach Kriegsbeginn dokumentierte Franz Krieger am 25. Oktober 1939 eine Pionierübung auf der Salzach und in den Hellbrunner Auen und führte damit auch die Kriegsrealität vor Augen.

Bereits 1939 wurden Lebensmittelkarten eingeführt. Die Firma Meinl an der Schwarzstraße diente als Sammelstelle für Eicheln für die Erzeugung von Erzsatzkaffee.
In der Auslage wurden Feigenkaffee und Kaffee-Ersatzmischungen angeboten.

In der Delikatessenhandlung Haindl, Alter Markt 11, waren Gurkengläser sowie Suppen- und Fleischdosen an die Stelle von Delikatessen getreten. Beide Geschäftsaufnahmen datieren vom 14. November 1939.

Im November 1939 wurden private Kraftfahrzeuge „kriegsdienstverpflichtet“, also für den Kriegseinsatz eingezogen. Der Residenzplatz diente als Sammelplatz für die requirierten Personenkraftwagen, Lastwagen und Busse.

Gauleiter Dr. Friedrich Rainer hielt am 16. Dezember 1939 im Großen Saal des Mozarteums seine bereits „40. Kriegs-Versammlung“ im Reichsgau Salzburg ab. Er hatte eine Vortragsreise durch Salzburg unternommen, um der Bevölkerung die nötigen Kriegswirtschaftsmaßnahmen bekannt zu machen und warb für das Winterhilfswerk.

Der Markt für den Verkauf von Christbäumen für die ersten Kriegsweihnachten befand sich am Mirabellplatz vor der alten Borromäuskirche und der Kastvilla. Die Aufnahme des Christbaummarktes datiert vom 16. Dezember 1939, an diesem Tag wurde auch eine Reichsstraßensammlung für das Winterhilfswerk durchgeführt.

Bei der Straßensammlung für das Winterhilfswerk 1939/40 ist am 20. Januar 1940 auch Gauleiter Dr. Rainer mit der Spendenbüchse unterwegs. Als Spendenabzeichen werden Trachtenfiguren aus den Salzburger Gauen ausgegeben. Am Mirabellplatz war gegenüber dem Schloss in einem Zelt eine große Tafel, der Winterhilfe-Adler, aufgestellt. Das aus Bergföhrenholz geschnitzte Bildwerk sollte durch insgesamt 7000 Spendennägel einen Nagelpanzer erhalten. Die Nägel kosteten zwischen 30 Pfennig und fünf Reichsmark. Am teuersten waren die goldenen Nägel, die auf dem Hakenkreuz eingeschlagen wurden.

Am 12. Februar 1940 fand im großen Trauungssaal des Standesamtes im Schloss Mirabell die erste Kriegsferntrauung statt. Die Braut, Elise Raßtl aus Salzburg, war anwesend, der Bräutigam Obergefreiter Herbert Tschepp aus Wien befand sich an der Front und hatte vor seinem Bataillonskommandeur schriftlich seinen Willen zur Eheschließung erklärt. Der Stahlhelm symbolisierte den im Felde stehenden Bräutigam. Herbert Tschepp kehrte aus dem Krieg heim und lebte mit seiner Gattin und zwei Söhnen in Salzburg.

Am 16. und 17. März 1940 sammelten Soldaten und Gefolgschaftsmitglieder der Wehrmacht, Mitglieder des Reichskriegerbundes und das deutsche Rote Kreuz für das Winterhilfswerk. Pioniere boten eine Salzach-Überfahrt mit einer Seilfähre an und auch die Salzburger Hundestaffel war im Einsatz. An diesem „Tag der Wehrmacht" wurden als Sammelabzeichen 20 verschiedene Fahnen und Standarten ausgegeben.

Zum Abschluss des Kriegs-Winterhilfswerkes der DAF fand am Sonntag, dem 31. März 1940, ein Festzug statt, an dem sich auch der bekannte Mundartdichter Otto Pflanzl in Tracht beteiligte. Die Winterhilfssammelabzeichen wurden im Festzug dargestellt, so am Wagen der Wehrmacht die „Fahnen und Standarten". Kostümierte Mädchen und Jungen symbolisierten Schmetterlinge und Falter, die ebenfalls als Sammelabzeichen des KWHW ausgegeben worden waren.

Am 1. April 1940 wurde die Metallsammlung für die „Führer-Geburtstagsspende“ eröffnet. Bei acht Sammelstellen konnten bis 6. April Gebrauchs-, aber auch Kunstgegenstände aus Bronze, Messing oder Zinn als „Gabe“ für den Führer abgegeben werden.

Am 21. April 1940, dem Tag nach dem Geburtstag des „Führers“, wurde das Ergebnis der Buntmetallsammlung in der Stadt präsentiert.

Der Reichsminister für Wissenschaft, Erziehung und Volksbildung Bernhard Rust eröffnete am 10. Mai 1940 den neu errichteten Schultrakt des Mozarteums an der Schwarzstraße mit 25 zusätzlichen Schulräumen und einem Probensaal. Nach dem „Weiheakt" besuchte er die neuen Schulzimmer und die mit der Musikhochschule verbundene Musikschule für Jugend und Volk unter der Leitung von HJ-Obergefolgschaftsführer Cesar Bresgen.

V. r. n. l.: Kreisleiter Georg Burggaßner, Friedrich Welz (in der zweiten Reihe), Regierungspräsident Dr. Albert Reitter, Reichsminister Rust und Gauleiter-Stellvertreter Dipl.-Ing. Wintersteiger.

Eröffnung der unter dem Ehrenschutz von Generalfeldmarschall Hermann Göring stehenden Makartausstellung im Carabinierisaal der Residenz am 28. Mai 1940. In der von Dr. Max Silber und Friedrich Welz – im Gruppenbild zwischen Dr. Reitter und Emil Jannings zu sehen – organisierten Ausstellung waren 85 Gemälde und 65 Aquarelle und Handzeichnungen Hans Makarts ausgestellt. Vor dem Bild der „Falknerin", einem Geschenk des „Führers" an Hermann Göring zu dessen 45. Geburtstag, v. l. n. r.: Bürgermeister Ing. Anton Giger, Regierungspräsident Dr. Albert Reitter und der Schauspieler Emil Jannings mit Gattin.

PHOTO
Leica
MAKART
RADIO
IM DEUTSCHEN RUNDFU
STEYR - DAIMLER - PUCH A

Menschenmassen lauschten bei Radio Makart am Makartplatz den aktuellen Tagesberichten und Sondermeldungen des Oberkommandos der Wehrmacht (OKW). Am Tag dieser Aufnahme, dem 31. Mai 1940, berichtete das OKW über die „Vernichtungsschlacht" gegen das englische Expeditionskorps in Flandern und die Zusammenkunft des „Führers" mit dem italienischen Botschafter Dino Alfieri – der Kriegseintritt Italiens stand unmittelbar bevor.

Aufnahmen der Kinder des Gauleiters Dr. Friedrich Rainer vom 8. Juni 1940 vor Schloss Leopoldskron und bei einer Schifffahrt am Leopoldskroner Weiher. Die Familie des Gauleiters wohnte bis zu ihrem Wegzug nach Kärnten im Schloss des enteigneten und in die USA emigrierten Festspielmitbegründers Max Reinhardt.

Aus Anlass des Kriegseintritts von Italien an der Seite Hitlerdeutschlands wurde auch in Salzburg am 11. Juni 1940 – so wie im ganzen Reich – eine „spontane deutsch-italienische Freundschafts-Kundgebung" abgehalten. Diese fand am Residenzplatz und vor dem Generalkonsulat im Haus Mönchsberg 4 statt, wo der italienische Konsul Oberstleutnant Cav. Berardo Floro wohnte.

Am 29. Juni 1940 besuchte SA-Brigadeführer Gustav Nohel unter Anwesenheit von Ehrengästen aus Partei und Wehrmacht die auf der SA-Kampfbahn in Nonntal angetretene Salzburger SA. Im Bild mit SA-Brigadeführer Nohel ganz links: SA-Standartenführer Dr. Franz Lorenz, der Bürgermeister der Gauhauptstadt Salzburg.

Nach einer Besprechung in München kamen der italienische Außenminister Graf Galeazzo Ciano, der ungarische Ministerpräsident Graf Pál Teleki und der ungarische Außenminister Graf István Csaky begleitet vom Reichsaußenminister Joachim von Ribbentrop am 11. Juli 1940 mit dem Auto nach Salzburg, um von hier mit dem Zug die Weiterreise anzutreten. Die Bevölkerung jubelte den Gästen auf den Straßen zu und beim Bahnhof überreichten Salzburger Mädchen ihren Blumengruß. Am Weg zum Bahnhof: Ribbentrop (links), Graf Ciano (Mitte) und die Grafen Teleki und Csaky (rechts).

Am 26. Juli 1940 trafen der königlich-rumänische Ministerpräsident Ion Gigurtu und der Minister des Äußeren Mihail Manoilescu auf Einladung der Reichsregierung in Salzburg ein. Reichsaußenminister Ribbentrop begrüßte die Gäste am Bahnhof und gab für sie einen Empfang im Landhaus Fuschl. Die rumänische Delegation kam zu Beratungen mit Adolf Hitler am Obersalzberg.

Einen Tag darauf, am 27. Juli, trafen der königlich-bulgarische Ministerpräsident Professor Filoff – im Bild bei der Begrüßung durch Reichsaußenminister Ribbentrop – und der Minister des Äußeren Popoff am Salzburger Bahnhof ein. Auch sie absolvierten dasselbe Besuchsprogramm und trafen mit dem „Führer" am Obersalzberg zusammen.

Die Besprechungen der Staatsmänner der auf Seiten Deutschlands in den Krieg eingetretenen Länder mit Adolf Hitler am Obersalzberg wurden mit der slowakischen Delegation abgeschlossen. Der slowakische Staatspräsident Pfarrer Dr. Tiso wurde am 28. Juli 1940 von Reichsaußenminister Ribbentrop am Bahnhof offiziell begrüßt.

Der slowakische Ministerpräsident Dr. Tuka am Weg zu einer Besprechung. Die Staatspräsidenten und Minister wohnten im „Österreichischen Hof". Das Hotel wurde während der hochrangigen Besuche drei Tage lang von Schaulustigen umlagert.

Am 29. Juli 1940, zwei Tage nach dem Ende der nur für zwei Wochen angesetzten und auf einen Konzertzyklus verkürzten Salzburger Festspiele, dirigierte Wilhelm Furtwängler bei einem außerordentlichen Konzert im Festspielhaus die Wiener Philharmoniker. Durch zahlreiche kulturelle Veranstaltungen, Kongresse und Ausstellungen wollte Gauleiter Rainer Salzburg auch im Krieg als eine „Insel der Seligen" erscheinen lassen.

Im August 1940 wurden die alten Markthütten an der Marktgasse, der heutigen Wiener Philharmoniker-Gasse, abgerissen. Bereits im Mai dieses Jahres waren die Fleischhauerbuden wegen kriegsbedingtem Warenmangel geschlossen worden.

Auch Obst und Gemüse waren rationiert und beim Aufruf dieser Waren bildeten sich Einkaufsschlangen, wie hier am 26. August 1940 vor dem Geschäft Weger am Residenzplatz.

Im Zuge einer „Ostmarkreise“ besuchte der Reichskommissar für Preisbildung Gauleiter Josef Wagner am 28. September 1940 Salzburg. In der Marmorindustrie Kiefer in Oberalm besichtigte er jene Grenzsteine, die die Gauhauptstadt nach der Eingemeindung des Jahres 1939 in Auftrag gegeben hatte. Die fünf großen Grenzsteine aus Untersberger Marmor wurden vom Salzburger Bruno Berger gehauen und ab September 1940 an den Haupteinfahrtsstraßen zur Aufstellung gebracht.

Am 1. Oktober 1940 wurde die erste Teilstrecke Sigmundsplatz–Maxglan und damit der neue Obus-Verkehr in der Stadt Salzburg eröffnet. Die Streckenführung des Obus durch die Altstadt ging, so wie früher bei der „Gelben Elektrischen“, durch den Ritzerbogen und über den Universitätsplatz, da der Griesgassendurchbruch erst nach dem Krieg entstand. Bei der Eröffnung wurde der neue Obus von Oberbürgermeister Ing. Giger aufgrund des günstigen Fahrpreises als „Volksverkehrsmittel“ gepriesen.

Im Zuge des Neubaues der Staatsbrücke wurde eine Behelfsbrücke errichtet, die am 19. Oktober 1940 für den Verkehr freigegeben wurde. Regierungspräsident Dr. Albert Reitter durchschnitt jene Sperrbänder an beiden Brückenköpfen, die die Notbrücke vor der Eröffnung abschlossen. Rechts neben Regierungspräsident Reitter – in ziviler Kleidung mit Mantel und Hut – der Bauleiter des Brückenbaues, Regierungsbaurat Dipl.-Ing. Josef Ferstl.

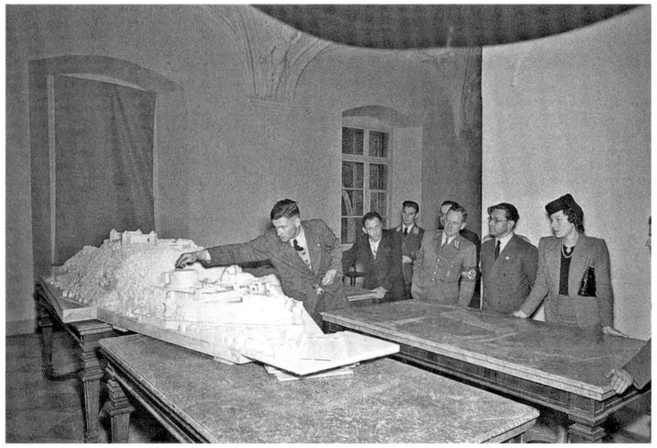

Der Chef der Kanzlei des „Führers“, Reichsleiter Bouhler, besuchte am 4. November 1940 in „Durchführung eines Führer-Auftrages“, begleitet von Hauptamtsleiter Hederich, mit Gauleiter Dr. Friedrich Rainer das Büro der Architektengemeinschaft Otto Strohmayr und Otto Reitter in den nördlichen Dombögen (Wallistrakt). Im Bild oben erläutert Architekt Strohmayr (rechts neben ihm Otto Reitter) das Modell für die geplante Verbauung des Kapuzinerberges. Hier sollte als städtebauliches Gegengewicht zur Festung ein riesiges „Gauforum“ entstehen, dem auch das Kapuzinerkloster gewichen wäre. Auf dem Mönchsberg war zudem ein gigantisches militärisches Zentrum für das „Heereskommando XVIII“ vorgesehen.

Nach der Einführung des Obus als neues innerstädtisches Verkehrsmittel befuhr am 5. November 1940 die letzte „Gelbe Elektrische“ die verbliebene Strecke vom Bahnhof zum Platzl. Der älteste Motorführer, Anton Dornstauder, fuhr die letzte, um 22.50 Uhr abends vom Bahnhof abgehende Straßenbahn zum Makartplatz und retour.

Am 16. November 1940 eröffnete Gauleiter Dr. Friedrich Rainer im Carabinieri-Saal der Residenz die unter dem Titel „Schönere Heimat“ stattfindende „Heimatpflege-Ausstellung“, bei der unter anderem Spielwaren aus allen Teilen Großdeutschlands gezeigt wurden.

Der Leiter des Generaldezernats für Raumordnung, Dipl.-Ing. Richard Schlegel, erläuterte dem Gauleiter eine Ausstellungstafel mit dem Ortsregulierungsplan für Kuchl.

Im Sitzungssaal der Gauleitung erfolgte am 16. Dezember 1940 die Amtseinführung der neu ernannten Gauräte durch Gauleiter und Reichsstatthalter Dr. Friedrich Rainer.

Die Dekretverleihung an Dr. Adolf Samitz, dem Leiter des Amtes für Volksgesundheit.

Kreisleiter Georg Burggaßner wurde seine Ernennungsurkunde als Gaurat nachträglich am 20. Dezember 1940 von Gauleiter Rainer in seinen Amtsräumen in der Residenz übergeben. Gemeinsam mit ihm erhielten Oberlandwirtschaftsrat Dr. Robert Scheuch das Dekret als Regierungsdirektor und Regierungsbaurat Dr. Eugen Lippl das Kriegsverdienstkreuz 2. Klasse.

Gauleiter Dr. Rainer gratulierte dem Reichsgauobmann der Deutschen Arbeitsfront (DAF) Anton Resch zur Ernennung. Rechts von diesem im Bild: Dr. Samitz, der Kreisleiter von Bischofshofen Rudolf Kastner, Gauamtsleiter für Agrarpolitik Paul Krennwallner und Gauwirtschaftsberater Handelskammerpräsident Dr. Erich Gebert.

SPORT LANZ
SPORTHAUS LANZ

Werkaufnahmen im „Sporthaus Lanz“ am 23. Dezember 1940. Die Bilderserie gewährt einen Einblick in die Werkstätte und das Verkaufslokal des bekannten Sportartikel- und Trachtenspezialgeschäfts. Das „Sporthaus Lanz“ bestand aus einem Geschäft an der Schwarzstraße und dem 1937 angekauften und zur Hauptniederlassung ausgebauten Haus Steingasse 26 mit Werkstätten und Schauräumen. Krieger schoss auch mehrere Aufnahmen von Modellen in den auch bei prominenten ausländischen Festspielbesuchern äußerst beliebten Lanz-Dirndln und Trachtenmoden.

Am Volksschitag der Gauhauptstadt Salzburg am 5. Januar 1941 beteiligten sich 321 Wettläuferinnen und Wettläufer am Zistel-Abfahrtslauf um den „Goldenen Stier". Sieger wurde bei den Männern Emil Mrazek und bei den Frauen Elli Wagenhammer.

Die Deutschen Kriegsmeisterschaften im Eisschnelllauf in Zell am See gewann am 26. Januar 1941 der Wiener Karl Wazulek (im Bild), der damit zum dritten Mal deutscher Meister wurde. Auf der Tribüne links neben Gauleiter Dr. Rainer der bekannte und sehr populäre Generalmajor der Gebirgstruppe Julius Ringel.

Der 185. Geburtstag von Wolfgang Amadeus Mozart wurde am 25. Januar 1941 mit einer Kranzniederlegung in Mozarts Geburtshaus durch Gauleiter Dr. Rainer und einem Festkonzert für Salzburgs Schuljugend im Großen Saal des Mozarteums begangen. Anwesend waren auch Reichsleiter Martin Bormann und der SS-Standartenführer Dipl.-Ing. Hanns Blaschke aus Wien. Der Pianist Kurt Neumüller, ein Schulkollege von Franz Krieger, der sein Klavierstudium bei Franz Ledwinka absolviert hatte, ab 1941 am Mozarteum unterrichtete und ein bedeutender Interpret der Klavierwerke Mozarts wurde, spielte damals am Flügel.

Aufnahmen vom Bau der Gebirgsjägerkaserne in Glasenbach in der Gemeinde Elsbethen vom 20. März 1941. Mit dem Bau der Kaserne für das Gebirgsjägerbataillon 137 war im Sommer 1938 begonnen worden, das Richtfest fand am 16. Dezember 1939 statt. Die Kaserne wurde Anfang 1940 bezogen, die letzten Bauarbeiten wurden Mitte 1942 abgeschlossen. Nach Kriegsende war die Kaserne Flüchtlingslager und wurde im Herbst der US-Army übergeben, die die nachmalige Rainerkaserne „Camp Truscott“ benannte.

Der Mannschaftsspeisesaal im März 1941, noch ohne Mobiliar.

Das Kommandogebäude wurde vom Maler Albert Birkle im Auftrag der Heeresverwaltung mit zwei Fresken geschmückt.

Ab 1940 beherbergte die Glasenbacher Kaserne, wie Schilder über Haupttor und Eingang zum Kommandogebäude vermeldeten, eine „Gebirgsschießschule".

Industrieaufnahmen bei der „Salzburger Landeszeitung" an der Bergstraße, angefertigt in der ersten Hälfte des Monats April 1941.

Gauleiter Dr. Friedrich Rainer überreichte am 4. April 1941 im Beisein von Landesrat Karl Springenschmid (Mitte) Studienassessor Dr. Franz Friedl seine Ernennungsurkunde zum Studienrat.

Der „Geburtstag des Führers“ wurde alljährlich zelebriert und dabei besonders die Jugend vereinnahmt. Am 20. April 1940 erfolgte am Kapitelplatz die Aufnahme der Zehnjährigen und Verpflichtung der Vierzehnjährigen in die Hitlerjugend.

Am 22. April 1941 wurde mit einer Feierstunde im Großen Saal des Mozarteums die „100 Jahr Feier" der Musikschule begangen. Die Festansprache hielt Generalintendant Clemens Krauss, der auch die Aufführung der Zauberflöte-Ouvertüre dirigierte. Reichsminister Dr. Bernhard Rust verkündete die erfolgte Verleihung des Titels „Reichshochschule für Musik – Mozarteum – in Salzburg" und auch Regierungspräsident Dr. Albert Reitter sprach zur Festversammlung, bevor Gauleiter und Regierungspräsident den Reichsminister für Wissenschaft, Erziehung und Volksbildung durch die Seminarräume der nunmehrigen ersten Reichshochschule für Musik führten.

Das früher im Baron-Schwarz-Park aufgestellte Schillerdenkmal wurde im Botanischen Garten neu aufgestellt und am 9. Mai 1941 mit einer Feier der Hitlerjugend der Öffentlichkeit übergeben. HJ-Bannführer Siegfried Schider (am Rednerpult) betonte die Pflicht der deutschen Jugend, „die großen Männer des eigenen Volkes zu ehren“.

In Anwesenheit des Staatsschauspielers Emil Jannings fand am 19. Mai 1941 im Festspielhaus die Salzburger Erstaufführung des deutschen antibritischen Kriegs- und Propagandafilms „Ohm Krüger“ statt. Dieser schildert aus nationalsozialistischer Sicht den „Burenkrieg“ und das Leben des südafrikanischen Politikers Paul (Ohm) Krüger, der von Emil Jannings verkörpert wurde. Für die Aufführung wurde von Tobis Film im Festspielhaus eine moderne Tonfilmapparatur eingebaut.

Bei der Gleichenfeier des nach Plänen der Architekten Otto Strohmayr und Otto Reitter ab 1940 zum Gästehaus des Führers umgebauten Schloss Kleßheim waren am 5. Juni 1941 alle Mitwirkenden und die Bauarbeiter angetreten. Die Haupttoranlage mit den beiden Torpavillons wurde 1942 fertig gestellt. Kleßheim erhielt auch eine Zufahrt zur Reichsautobahn und einen eigenen Bahnanschluss.
Das „Gästehaus des Führers" diente der NS-Führung als repräsentativer Bau für wichtige Treffen mit den Spitzen des faschistischen Europa.

REICHSAUTOBAHNEN
OBERSTE BAULEITUNG MÜNCHEN
LOS 27a SALZBURG – LINZ
AUSFÜHRUNG KARL STÖHR MÜNCHEN

Die Einrüstung der Tonnenbögen für den Talübergang der Reichsautobahn bei Zilling/Straß, aufgenommen am 5. Juni 1941.

Kriegsalltag: Im Juni 1941 standen Frauen bereits am frühen Morgen in der Steingasse beim Pferdemetzger an, um markenfrei einzukaufen.

Vorbereitung auf den Bombenkrieg: Der Reichsluftschutzbund demonstrierte am 3. Juli 1941 auf dem Residenzplatz die Bekämpfung englischer Brandbomben.

Von 3. bis 6. Juli 1941 fand auf dem „Sportplatz der HJ“ (SAK-Sportplatz) im Nonntal das 3. Gebiets- und Obergau-Sportfest der Hitlerjugend statt. 3500 Wettkämpferinnen und Wettkämpfer nahmen an den „HJ-Kampfspielen“ teil.

Großkundgebung mit Dr. Robert Ley, dem Reichsorganisationsleiter und Reichsleiter der Deutschen Arbeitsfront, in der Obus-Halle an der Zaunergasse, der damals größten Halle Salzburgs. Der Leiter der DAF pries am 8. Juli 1941 vor Gauleiter und Oberbürgermeister sowie 15.000 Menschen die „deutsche Revolution und die glückverheißende Zukunft der deutschen Arbeiter", drohte aber auch unverhohlen allen Regimegegnern: „Wer den Nationalsozialismus nicht will, stirbt".

Mitglieder des BDM begrüßten am 10. Juli 1941 am Hauptbahnhof italienische Soldaten, die sich auf dem Weg zur Ostfront befanden. Drei Tage lang waren die an der Bahnstrecke stehenden Häuser zu Ehren der in den Kampf gegen die Sowjetunion ziehenden italienischen Truppen festlich beflaggt.

Das „2. Wilhelm Gustloff-Lager“ der Auslands-HJ in Grödig im Juli 1941. Das nach dem 1936 ermordeten Landesgruppenleiter der NSDAP für die Schweiz benannte Lager befand sich in der Gebietsführerschule. 500 auslandsdeutsche Jungen und Mädchen nahmen teil.

Teilnehmerinnen und Teilnehmer des „2. Wilhelm Gustloff-Lagers“ wurden am 10. Juli 1941 durch die Salzburger Altstadt geführt. Die Bilder vom Zeltlager und dem Besuch in der Stadt erschienen im „Völkischen Beobachter“ und der „Salzburger Landeszeitung“.

Im Salzburger Hauptpostamt wurde am 14. Juli 1941 die neu eingerichtete Bildtelegrafenstelle in Anwesenheit von Gauleiter Dr. Rainer und Oberbürgermeister Ing. Giger in Betrieb genommen und es erfolgte im Rahmen der Festspiele die erste telegrafische Bildübertragung nach Berlin. Im Bild Gauleiter Dr. Rainer mit der Telegrafen-Beamtin Rosina Höfelmaier, der nachmaligen Gattin des Abgeordneten zum Nationalrat Karl Glaser, dahinter der Jurist Dr. Franz Erich Knittel, später Geschäftsführer der Salzburger Handelskammer.

Eröffnung der „Kärntner Kunstschau", einer Ausstellung mit Werken von Kärntner Malern und Plastikern, durch Gauleiter Dr. Friedrich Rainer am 30. Juli 1941 im Carabinieri-Saal der Salzburger Residenz. Im Bild links von Dr. Rainer: Karl Springenschmid, der stellvertretende Gauleiter von Kärnten Franz Kutschera und Dr. Karl Windischbauer, der Kulturreferent des Salzburger Propaganda-Amtes.

Bilder von den „Salzburger Kriegsfestspielen 1941“: Generalprobe zur „Zauberflöte“ am 1. August 1941. Probenbesprechung mit dem Dirigenten Dr. Karl Böhm. Als Papagena stand Dora Komarek auf der Bühne, die Sängerin der Wiener Staatsoper setzte nach dem Krieg ihre Karriere in Brasilien und Argentinien fort. Mitglieder des Wiener Staatsopernballetts wirkten als Statisten an der Zauberflöte mit und verbrachten ihre Probenpause auf der Dachterrasse des Festspielhauses.

Am 2. August 1941 landete der Minister für Volksaufklärung und Propaganda Dr. Joseph Goebbels am Salzburger Flughafen. Er eröffnete die Salzburger Festspiele 1941, in deren Rahmen insgesamt 10.000 Wehrmachtsangehörigen die Möglichkeit geboten wurde, als „Festspielgäste“ zwei Aufführungen zu besuchen.

Unter den Soldaten als Festspielgästen befanden sich auch 50 Fallschirmjäger, die sich in Kreta ausgezeichnet hatten und bei der Vorführung der Zauberflöte von Dr. Goebbels besonders begrüßt wurden. Das Bild der „Kreta-Kämpfer“ mit Goebbels und dessen Stiefsohn Harald (Bildmitte hinten) wurde in der „Salzburger Landeszeitung“, aber auch in den „Dresdner Neuesten Nachrichten“ publiziert.

Im Rahmen der Festspiele lud Gauleiter Dr. Friedrich Rainer die Kulturreferenten aller Reichspropaganda-Ämter zu einer Tagung nach Salzburg ein und gab am 13. August 1941 einen Empfang in der Salzburger Residenz. Der Gauleiter, der die „großen Kulturaufgaben Salzburgs“ hervorhob, wollte diese Tagung jährlich zur Festspielzeit abhalten. Dr. Rainer verließ im Herbst 1941 Salzburg und wurde Gauleiter und Landeshauptmann von Kärnten.

FRANZ KRIEGER ALS KRIEGSBERICHTERSTATTER UND SOLDAT

AM 23. AUGUST 1941 TRAT FRANZ KRIEGER als Schütze der Propaganda-Ersatz-Abteilung seinen Dienst in Potsdam an. Er war von der Reichspropaganda-Abteilung der NSDAP zu einem „Sondereinsatz im Osten" einberufen worden und erhielt bei der Propaganda-Kompanie (P. K.) einen 3-wöchigen Schulungslehrgang als Kriegsbildberichterstatter.

DIE PROPAGANDATRUPPE oder Propagandakompanie war eine den Nachrichtentruppen zugehörige Truppengattung der Wehrmacht zur propagandistischen Beeinflussung der Bevölkerung, der Soldaten sowie auch der Gegner des Nationalsozialismus und umfasste auch die Kriegsberichterstattung. Kriegsberichterzüge waren in Wort-, Bild-, Film- und Rundfunktrupp gegliedert und das Fachpersonal wurde, da es zum Teil nicht die vorgesehenen Dienstgrade und eine militärische Ausbildung besaß, als sogenannte „Sonderführer" eingesetzt. Die Propaganda-Kompanien, die dann ab 1942 eine eigene Truppengattung bildeten, umfassten 15.000 Mann, von denen rund 1000 fielen. Die Kriegsberichterstatter produzierten 80.000 Wortbeiträge und

Franz Krieger als Schütze der Propaganda-Ersatz-Abteilung Potsdam, September 1941.

über zwei Millionen Einzelbilder. Das Film- und Tonmaterial wurde vor allem für die Deutschen Wochenschauen verwendet.

FRANZ KRIEGER WURDE zu der in Potsdam aufgestellten Propaganda-Ersatz-Abteilung, die vier Kompanien umfasste, einberufen. Zwanzig mit „PK“ nummerierte private Filme Kriegers aus diesen Tagen haben sich erhalten, die auch sein Einsatzgebiet umreißen. Von Potsdam ging es nach Berlin und von dort mit dem „Reichs-Autozug Deutschland“ nach Danzig und dann nach Weißrussland bis nach Minsk, wo er bedrückende Bilder im Ghetto aufnahm. Weitere Aufenthalte sind in Litauen und bei der Rückfahrt in Marienburg bei Danzig belegt, wo eine Zusammenkunft von Adolf Hitler und seinem ungarischen Verbündeten, Reichsverweser Admiral Miklós Horthy, stattfand, die Krieger dokumentierte. Seine Bilder entstanden in der erfolgreichen Phase des Russlandfeldzuges der Deutschen Wehrmacht und dienten der Propaganda in der Heimat. So hat Krieger Anfang 1943 unter dem Titel „Ich fahre durch Russland“ eine Serie von 91 ausge-

Filmaufnahmen der Propaganda-Kompanie im zerstörten Minsk.

wählten Bildern über seine Zeit bei der Propaganda-Kompanie zusammengestellt und dabei auch die Rolle des Fotografen kriegsverherrlichend umrissen. „Dem P.K.-Mann aber hält es niemals lange in ‚Ruhestellung', er will das Kriegserleben, den Kampf und auch den Landser-Alltag auf den Film bannen."

KRIEGER WURDE AM 20. SEPTEMBER 1941 von der Propaganda-Ersatz-Abteilung Potsdam entlassen und kehrte nach Salzburg zurück. Jagdgesellschaften in Oberwang zählten nun wieder zu seinen bevorzugten Motiven. Eine geplante berufliche Veränderung kam nicht mehr zu Stande und Krieger wurde zur Wehrmacht eingezogen. Der Diplomkaufmann war ab 15. November 1941 Kraftfahrer (Soldat) bei der 2. Kraftfahrersatzabteilung 18 in Bregenz und befand sich bis April des Folgejahres in der Ausbildung. Nun meldete er sein Gewerbe als Pressefotograf ruhend, was ihn aber nicht daran hinderte, bei Heimaturlauben weiterhin für das Gaupresseamt zu fotografieren und seine aktuellen Aufnahmen und auch „Archivbilder" zu veröffentlichen. So erschienen etwa 1942 zahlreiche seiner Fotos von der „Machtübernahme" im Buch von Otto Reich von

Hochzeitsbild von Franz Krieger in der Uniform eines SS-Rottenführers und seiner Gattin Friederike, genannt Frieda, aufgenommen am 12. März 1942 auf der „Hochzeitsstiege“ im Schloss Mirabell. Krieger trägt das Ritterkreuz des königlich-bulgarischen Zivilverdienstordens.

Rohrwig „Der Freiheitskampf der Ostmark-Deutschen“ und im April 1943 wurden 70 seiner Lichtbilder für die „Soldaten-Zeitung“ angenommen.

IM MÄRZ 1942 BEKAM FRANZ KRIEGER Heiratsurlaub, ehelichte am 12. März 1942 in Salzburg Friederike Nußdorfer, und verbrachte den Osterurlaub mit seiner Gattin am Bodensee. Danach wurde er zur Kraftwagen-Transport-Ersatzableilung 50 Würzburg, und von dort zur Auffrischung einer Transporteinheit nach Köln, abgestellt. Hier wurde er im April 1942 erstmals mit Bombenschäden konfrontiert, die er im Bild festhielt. Von Köln aus führten ihn im Juni und Juli 1942 Sonderurlaube nach Salzburg, bevor er ab Mitte August 1942 als Obersoldat und Beifahrer im Nachschubdienst in Russland eingesetzt wurde. Als Kraftfahrer kam er mit einer Fernlast des Oberkommandos des Heeres über Warschau und Kiew bis vor Stalingrad, entkam hier aber – so in seinen

Gattin Frieda mit Tochter Heidrun zu Weihnachten 1942.

Erinnerungen – „rechtzeitig durch die Virus-Gelbsucht der Einkesselung“. Vom Lazarett in Tschir kam er mit einem Lazarettzug über Kiew nach Deutschland zurück und verbrachte die Monate Oktober bis Dezember 1942 im Reservelazarett Boppard am Mittelrhein. Weihnachten 1942 und auch den Jahreswechsel konnte Krieger in Salzburg bei seiner Gattin und der im Oktober 1942 geborenen Tochter Heidrun verbringen.

BEI EINEM SONDERURLAUB IN SALZBURG im März 1943 brach er sich beim Schi fahren das linke Schienbein und nutzte den mehrmonatigen Genesungs- und Arbeitsurlaub in Salzburg, um offizielle Presseaufnahmen zu machen. Er fotografierte Gauleiter Gustav Adolf Scheel bei verschiedenen Anlässen, dokumentierte das Soldatenlazarett in Bad Gastein und publizierte bis Juli 1943 als „Bildberichter“ in der „Salzburger Zeitung“ Bildserien über die alte Schranne und den Salzburger Fliegernachwuchs. Die Fotoaufnahmen der Gauleitung übernahm in der Folge die Bildberichterstatterin des Reichspropagandaamtes Anny Madner (1918–1982).

Franz Krieger bei einer Schitour während seines Sonderurlaubs Anfang März 1943.

IM HERBST 1943 kehrte er zum Ersatztruppenteil Würzburg zurück, absolvierte dann wegen „Mindertauglichkeit" eine Dolmetscherprüfung und wurde im März 1944 zur Nachschubstelle Division Brandenburg in Baden bei Wien versetzt. Nach einem erneuten Kuraufenthalt in Baden rückte er zur 1. Dolmetscher-Kompanie des Wehrkreises XVIII, Standort Graz, Schönaukaserne, ein. Mehrfache Heimaturlaube sind belegt, unter anderem anlässlich der Geburt seines Sohnes Franz Wolfgang Krieger im Juni 1944. Als französischer „Sprachmittler" betreute er ab August 1944 kriegsgefangene Offiziere in den Lagern Leibnitz und Wolfsberg und wurde im Oktober 1944 mit der 1. Dolmetsch-Kompanie des Wehrkreises XVIII nach Pettau in der Untersteiermark verlegt. Ende Oktober 1944 wurde Franz Krieger zum Internierungslager (Ilag) XVIII Spittal/Drau versetzt, wo er – unterbrochen von einem Sondereinsatz – bis Kriegsende verblieb.

Im September 1941 brach Franz Krieger als Schütze der Propaganda-Ersatz-Abteilung Potsdam mit dem Reichs-Autozug „Deutschland“ an die Ostfront auf. Je weiter die Pressekompanie nach Osten vorstieß, umso mehr wurde sie mit kaum befestigten Straßen und den Kriegsgräueln konfrontiert. Die deutsche Propaganda wollte der Presse die großen Erfolge des deutschen „Blitzkrieges“ gegen Russland vor Augen führen. Die „Operation Barbarossa“ war erfolgreich angelaufen und in der von 26. Juni bis 9. Juli 1941 währenden Kesselschlacht bei Bialystock und Minsk hatte die Sowjetunion große Verluste an Menschen und Material erlitten. 320.000 Rotarmisten gerieten in Gefangenschaft und die Deutschen setzten ihren Vorstoß gegen Moskau erfolgreich fort.

Transport von Juden in der weißrussischen Stadt Minsk im September 1941. Vor dem deutschen Einmarsch befand sich in Minsk mit bis zu 100.000 Personen eine der größten jüdischen Gemeinden der Sowjetunion. Nach der Eroberung der Stadt durch die Deutschen begann die Jagd auf die jüdische Bevölkerung.

Ab Juli 1941 waren in Minsk etwa 60.000 Juden in einem zwei Quadratkilometer großen Stadtviertel im Nordosten der Stadt, einem der größten Ghettos Europas, konzentriert. Ab November 1941 begann die planmäßige Ermordung der Ghettoinsassen, um für geplante Deportationszüge mit reichsdeutschen Juden „Platz zu schaffen". Die Aufnahmen im Minsker Ghetto entstanden wenige Wochen zuvor, Mitte September 1941. Es handelt sich um singuläre, für die Forschung äußerst wichtige Bilddokumente, die durch eine Internetreportage im „Lens-Blog" der New York Times und durch Spiegel-Online 2011 weltwelt bekannt wurden.

In der Kesselschlacht bei Minsk wurde die Stadt zu 95 Prozent zerstört und auf beiden Seiten gab es hohe Verluste, genaue Zahlen liegen jedoch nicht vor. Ein deutscher Soldatenfriedhof in Minsk, aufgenommen im September 1941, erinnert an den erbitterten Widerstand der russischen Verteidiger. Krieger hielt damals Soldatengräber mit genauen Angaben der Todesdaten (10. bis 28. August 1941) fest, die im weiteren Kriegsverlauf eingeebnet wurden und daher bis zur Veröffentlichung der Bilder im Internet im Sommer 2011 den Hinterbliebenen unbekannt blieben. Es sind dies die einzigen Bilder der letzten Ruhestätte dieser Gefallenen.

Eine Mutter mit ihren Kindern in einem Bauerndorf nahe der weißrussischen Stadt Borissow (Baryssau), einem wichtigen Verkehrsknotenpunkt. Nach der Besetzung durch deutsche Truppen kamen 33.000 Menschen in den sechs Todeslagern in der Umgebung von Baryssau ums Leben.

Franz Krieger als Fotograf der P. K. (im Rückspiegel) bei der Fahrt im Reichs-Autozug „Deutschland“.

Kriegsberichterstatter und PK-Fotografen, darunter Franz Krieger, erwarten in Marienburg bei Danzig die Ankunft des „Führers“ und des ungarischen Reichsverwesers Admiral Miklós Horthy. Das Treffen fand zwischen dem 6. und 8. September 1941 statt. Adolf Hitler verabschiedete seinen ungarischen Verbündeten, der nach der Rückkehr seine „innigsten Wünsche für den deutschen Endsieg“ telegrafierte, am Bahnhof.

TONKINO
Dorf im roten Sturm
LIFKA LICHTSPIELE EINGANG

Der 1935 vom Reichsfilmdramaturgen Wille Krause gedrehte Film „Friesennot" war ab 1939 mit Rücksicht auf den russischen Bündnispartner verboten, wurde aber nach Beginn des Russlandfeldzuges mit dem Titel „Dorf im roten Sturm" wieder aufgeführt. Der Propagandafilm lief im November 1941 auch im Salzburger Lifka-Kino. Im Spätherbst 1941 begann an der Ostfront die erfolgreiche Gegenoffensive der Roten Armee und durch den Kriegseintritt von Japan und den Vereinigten Staaten von Amerika wurde der Krieg zum Weltkrieg.

Anlässlich seiner Stationierung in Köln wurde Franz Krieger im April 1942 erstmals mit den Folgen des Bombenkriegs konfrontiert. Dieses Dokumentarbild der Bombenschäden in Köln stammt vom 14. Juni 1942.

Fotos von der Ausbildung bei der 2. Kraftfahrersatzabteilung 18 in Bregenz, aufgenommen im November 1941.

Um den 20. September 1942 erreichte der Fernlastzug den Don, die Weiterfahrt der Nachschubeinheit führte bis vor Stalingrad. Hier fanden 150.000 deutsche Soldaten den Tod, rund 91.000 Mann gerieten in sowjetische Kriegsgefangenschaft, aus der bis 1956 nur 6000 Überlebende zurückkehrten. Die Schlacht von Stalingrad war die erste vernichtende Niederlage der deutschen Wehrmacht und bedeutete den Wendepunkt des Krieges. Auch die Ausrufung des „Totalen Kriegs“ im Februar 1943 konnte die aufkommenden Zweifel am deutschen „Endsieg“ nicht beseitigen.

Franz Krieger wurde ab Mitte August 1942 im Nachschubdienst in Russland eingesetzt, die Fahrt führte über Warschau, wo diese Aufnahme entstand.

Der Obersoldat Krieger im August 1942 in Kiew.

Winterlicher Familienspaziergang im Süden Salzburgs im Januar 1943. Im Bild links ist im Hintergrund das Geschäft des Gärtners Friedrich Brunsteiner, Nonntaler Hauptstraße 83, an der Einmündung der Bernardigasse zu erkennen. Bei diesem Winterspaziergang wurde von Franz Krieger auch ein Schmalfilm gedreht.

FRANZ KRIEGER ALS BILDBERICHTER UND SONDERFÜHRER

ANFANG OKTOBER 1944 KONNTE FRANZ KRIEGER anlässlich eines Heimaturlaubes letztmals seine Frau mit den beiden Kleinkindern besuchen, bevor zwei Schicksalsschläge seine Familie auslöschten. Am 21. Oktober 1944 verstarb sein erst drei Monate alter Sohn. Beim Sonderurlaub anlässlich der Beerdigung hielt Franz Krieger jene Verwüstungen bildlich fest, die die Stadt beim ersten Bombenangriff vom 16. Oktober 1944 erlebt hatte, jenes Bombardement, das mit 245 Toten die weitaus höchste Opferzahl aller 15 Fliegerangriffe zählte.

EINEN MONAT SPÄTER, BEIM DRITTEN BOMBENANGRIFF am 17. November 1944, fanden auch Kriegers Gattin Frieda und seine Tochter Heidrun, die aus der Stadt in den elterlichen Nußdorferhof an der Gaisbergstraße in Parsch gezogen waren, den Tod. Franz Krieger hatte innerhalb von vier Wochen seine gesamte Familie verloren. Anlässlich der Beerdigung von Gattin und Tochter dokumentierte er erneut die Zerstörungen in der Stadt und auch die Unglücksstelle in Parsch. In der Folge verbrachte Krieger einige

Winterspaziergang der Familie Krieger im Mirabellgarten, aufgenommen Mitte Februar 1944.

Wochen im Reservelazarett II und dann bis Mitte Januar 1945 einen Genesungsurlaub in Salzburg. Sein Freund, Leutnant Günther Schwab (später bekannter österreichischer Schriftsteller und 2006 im Alter von 101 Jahren in Salzburg verstorben), versuchte ihn in dieser schweren Lebensphase mit einem rührenden Brief zu mahnen, trotz des Schicksalsschlages nicht sein „ganzes Leben in Trauer zu leben“. Er habe die Pflicht „ein neues Leben zu beginnen, dass Dir an der Seite einer anderen, vielleicht ebenso und noch mehr geliebten Frau und im Kreise Deiner Kinder ein neuer Lebenssinn aufgeht“.

ILLUSTRIERTER BEOBACHTER 1944 / Folge 8

FÜNF KAPITEL Winterfreude

BILDER: FRANZ KRIEGER
TEXT. ARTHUR WESTRUP

1. Ort der Handlung

Man nehme –
einen idyllischen Wintersportort, angemessen in Unterkunft und Höhenlage, mit zivilen und militärischen Preisen, statte ihn aus mit frisch eingetroffenem Schnee, flimmernden Eiszapfen, mit lustig klingelnden und nicht hupenden Personenschlitten, und man hat die Voraussetzung für zwei Wochen Winterglück.

„Sobald der Schnee schmilzt, wird sich's finden",
sagte schon Goethe, und so ist es auch mit dieser Einfahrt. Im übrigen: man betritt das gastliche Haus während der Zeit des reichen Schneefalls gleich durch den ersten Stock. Fensterln, sonst mit nicht ungefährlicher Kletterei verbunden, wird hier zum (reifen) Kinderspiel.

Wohin man blickt: Natur –
links im Tal außerdem noch St. Anton und St. Christof. Mit den Wegweisern ist das so eine Sache: von Weg kann kaum die Rede sein, und ob sie morgen — nach einer schneereichen Nacht — überhaupt noch da sind, ist recht zweifelhaft.

1944 / Folge 8 ILLUSTRIERTER BEOBACHTER

Die Brettl verpflichten noch zu nichts,
weder zu Kristianias noch zu Telemarks. Nach dem Motto, daß man den (Stemm-)Bogen nicht überspannen darf, sonnen sie sich hier, unbehelligt durch die langen Schatten, die die Schi werfen.

Was braucht man hier alles noch?
Aber auch die Sonne darf man nur mit Vorsicht und einer Sonnenbrandkrem genießen. Die Pigmente gehen sonnigen Zeiten entgegen, und ultraviolette Strahlen braucht man bekanntlich nicht durch eine rosenrote Brille zu betrachten.

2. Die Geruhsamen

Im Überschwang des Lebensglücks
rotten sie sich zusammen und werfen Schneeklumpen in den gefilterten Himmel. Es stiebt und stäubt, man lacht und jauchzt — ein Spiel, das sich wahrhaftig gewaschen hat.

3. Schi-Lauf ohne Schattenseite

Ein milder Aufstieg.
Vor die Abfahrt haben die Götter nun mal den Aufstieg gesetzt, den eine menschenfreundliche Seilbahn hier abnimmt. Tausend steile Meter, sonst ein tagfüllendes Programm nicht ohne Rückfall, schafft sie in acht Minuten.

Man verläßt die Bergstation
und schon sieht man sich einer schwindelnden Schußfahrt gegenüber. Man ergreife die Stöcke, gehe in die (hoffentlich weichen) Knie, und wer schwingen kann, der schwinge sich zu Tale und — ein Phänomen — in den siebten Himmel hinein.

ILLUSTRIERTER BEOBACHTER 1944 / Folge 8

4. Die Hochalpinen

Das sind die Zünftigen,
die Männer von seelischem und körperlichem Format, mit bronzenem Oberkörper, jedoch eisernem Willen, ihren Dreitausender eigenfüßig zu schaffen. Daran ist kein Zweifel: dieser „Schützenreihe" wird sich die Bergspitze beugen.

Und das ist der Mühe Preis:
Man braucht den Kopf nicht mehr in den Nacken zu klemmen, um die Bergspitzen zu sehen. Man ist Gleicher unter Gleichen.

Gipfelrast.
Auf die Giganten ringsum geht der siegesbewußte Blick. Schön ist diese Rast, zumal eine windige Abfahrt bevorsteht.

5. Ausklang

Alles geht einmal zu Ende,
besonders schnell aber ein schöner Urlaub. Der Abschied fällt leichter, wenn der Schnee pappt. Man schiebt zum Bahnhof und ruft „Ahoi", denn Tauwetter hat eingesetzt.

Die Bildreportage „Fünf Kapitel Winterfreude" erschien Ende Februar 1944 im „Illustrierten Beobachter", einer Wochen-Illustrierten der NSDAP mit dem Verlagsort München. Die Bilder suggerieren trotz des fortschreitenden Krieges eine winterliche Idylle.
Die abgedruckten Krieger-Fotos waren aber bereits während eines zweiwöchigen Aufenthalts mit seiner Braut – sie ist als Schifahrerin neben dem Ortsweiser verewigt – in St. Anton am Arlberg im Februar 1940 entstanden.

BEIM SALZBURGER LAZARETTAUFENTHALT erscheint Franz Krieger ausdrücklich als Sonderführer „G“, hatte also eine besondere, zeitlich beschränkte dienstliche Verwendung gefunden. Ende Januar 1945 wurde der „Bildberichter Sonderführer Franz Krieger“ zum Reichsverteidigungskommissar der Operationszone Adriatisches Küstenland und zugleich Gauleiter und Landeshauptmann von Kärnten und Reichsstatthalter der besetzten Gebiete Kärntens und Krains, Dr. Friedrich Rainer, nach Triest beordert. Er begleitete den ihm aus Salzburg bestens bekannten Gauleiter, der seit dem Frontwechsel Italiens auch Chef der Zivilverwaltung in den italienischen Provinzen des Friaul war, in den Monaten Februar und März 1945 und machte in Triest, Venedig, Miramare und Görz „dringende Aufnahmen“. Krieger hielt Besprechungen von Rainer mit General Albert Kesselring fest und fotografierte – so wie schon in Salzburg – die Kinder Rainers, nun aber in Pörtschach und im Schnee. Diese Bilder der „Gauleiterkinder“ vermitteln wenige Wochen vor Kriegsende noch eine „heile Welt“. Friedrich Rainer wurde nach Kriegsende von den Briten verhaftet, nach Nürnberg überstellt und 1947 nach Jugoslawien ausgeliefert, wo ihn ein Militärgericht zum Tode verurteilte.

DER SDF FRANZ KRIEGER konnte im Zuge von Dienstreisen noch im März und Mitte April 1945 Salzburg besuchen und erlebte das Kriegsende als Gefreiter in Spittal an der Drau. Er wurde interniert und Anfang Oktober 1945 durch die englischen Besatzungstruppen entlassen. Ein schwerer Gelenksrheumarückfall nötigte ihn zu einem Aufenthalt und der Pflege bei seiner Braut, Maria Anna Messner, mit der er am 20. Dezember 1945 in der Pfarrkirche Holz im Bezirk Spittal an der Drau von Professor Guido Zernatto getraut wurde. Trauzeuginnen waren die Mütter des Hochzeitspaares.

LINA KRIEGER WAR ZU DIESEM ZEITPUNKT offizielle Inhaberin der Eisenhandlung und ihr Sohn Franz Krieger fungierte lediglich als stiller Teilhaber. Er war als Nationalsozialist registriert und wurde aufgrund seiner ehemaligen SS-Zugehörigkeit 1947 als „Belasteter“ eingestuft, was er gerichtlich bekämpfte. Sein Rechtsvertreter war der nachmalige Salzburger Landeshauptmann Dr. Josef Klaus. Krieger konnte eine unterstellte illegale Zugehörigkeit zur SS entkräften und brachte prominente Zeugen für seinen vorzeitigen

Bildberichter Sonderführer Franz Krieger vor dem Markusdom in Venedig, Februar 1945.

Austritt bei. Domprediger Josef E. Tomaschek etwa bescheinigte ihm, ein Mensch zu sein, „der am politischen Leben keinen aktiven Anteil nimmt, der nur Interesse für seinen kaufmännischen Beruf und seine Liebhabereien Foto, Film und Jagd hat". Nach weiteren Verhören und Einsprüchen wurde Franz Krieger im März 1949 als „minderbelastet" anerkannt.

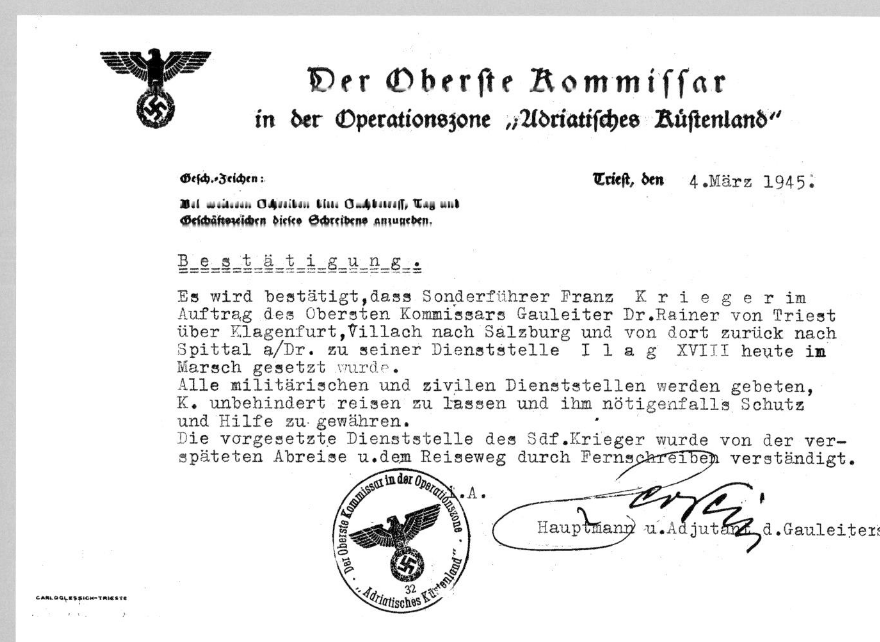

Der Oberste Kommissar
in der Operationszone „Adriatisches Küstenland"

Gesch.-Zeichen:

Bei weiteren Schreiben bitte Sachbetreff, Tag und Geschäftszeichen dieses Schreibens anzugeben.

Triest, den 4.März 1945.

B e s t ä t i g u n g .

Es wird bestätigt, dass Sonderführer Franz K r i e g e r im Auftrag des Obersten Kommissars Gauleiter Dr.Rainer von Triest über Klagenfurt, Villach nach Salzburg und von dort zurück nach Spittal a/Dr. zu seiner Dienststelle I l a g XVIII heute in Marsch gesetzt wurde.
Alle militärischen und zivilen Dienststellen werden gebeten, K. unbehindert reisen zu lassen und ihm nötigenfalls Schutz und Hilfe zu gewähren.
Die vorgesetzte Dienststelle des Sdf.Krieger wurde von der verspäteten Abreise u.dem Reiseweg durch Fernschreiben verständigt.

I.A.

Hauptmann u.Adjutant d.Gauleiters

Der Oberste Kommissar in der Operationszone „Adriatisches Küstenland" 32

CARLO GLESSICH - TRIESTE

Bestätigung des Obersten Kommissars in der Operationszone „Adriatisches Küstenland" über den Einsatz von Sonderführer Franz Krieger, datiert Triest 4. März 1945.

Mit einer künstlichen Luftraumvernebelung der Stadt wollte man Salzburg vor Bombenangriffen schützen. Mehre hundert Nebeltöpfe sollten eine geschlossene Nebeldecke ermöglichen. Der Standort dieser Nebeltöpfe an der Festungsauffahrt wurde im März 1943 bildlich dokumentiert.

Anlässlich eines Lehrganges des Salzburger Heimatwerks auf der Gauburg Hohenwerfen wurde am 20. Juni 1943 ein Volks- und Burgfest für die Bewohner der Umgebung veranstaltet, bei dem Burgkommandant Zimmerer auch verwundete Soldaten aus den Lazaretten in Bad Gastein begrüßen konnte.

Am 21. Juni 1943 entfachte ein Hitlerjunge das Sonnwendfeuer des Heimatwerks auf der Richterhöhe. Kränze für den „Führer", für Großdeutschland und die „Größe der Heimat" sowie für die Gefallenen wurden symbolisch von einem Hitlerjungen, dem Ortsgruppenleiter Quell, der Mädelgruppenführerin und einem Unteroffizier den Flammen übergeben.

Die Geschäftsauslagen der Firma Franz Krieger im Kriegsjahr 1943. Die Aufnahmen entstanden zwischen dem 24. und 27. April 1943.

Die Auslage des Meinl-Geschäfts an der Schwarzstraße, aufgenommen am 3. Juli 1943.

Die Firma Palmers offerierte angesichts des Mangels an Nylonstrümpfen ihren „Strumpfzauber", eine bräunliche Flüssigkeit, die nach dem Auftragen das Tragen von Strümpfen vortäuschte. Schaufensteraufnahme des Palmers-Hauptgeschäfts am Rathausplatz vom 3. Juli 1943.

Der rumänische Minister für nationale Kultur und Kultus Professor Jan Petrovici besuchte am 4. Juli 1943 Salzburg. Gauleiter Dr. Gustav Adolf Scheel zeigte dem Gast die Sehenswürdigkeiten der Stadt und gab einen Empfang in Schloss Leopoldskron, wo der Madrigalchor und das Collegium musicum der Reichshochschule für Musik Mozarteum musizierten. Im Bild mit Reichsminister Bernhard Rust und Gauleiterstellvertreter Anton Wintersteiger (ganz rechts) Lehrende des Mozarteums (v. l.): Professor Friedrich Frischenschlager, Direktor Eberhard Preussner und der Pianist Edwin Fischer.

Die Schranne am Mirabellplatz, Außenaufnahme und Innenhof, fotografiert am 21. Juli 1943. Die Bilder erschienen als Illustration des Beitrages „Die Salzburger Schranne. Ein kleines Kapitel Stadtgeschichte" in der Salzburger Zeitung vom 23. Juli 1943. Der Autor beklagt die Einschränkungen des Schrannenverkehrs durch die Lebensmittelbewirtschaftung. Der Donnerstagmarkt sei nur mehr ein „kümmerlicher Rest des bunten Treibens von einst" und werde angesichts geplanter gedeckter Markthallen auch nach dem Krieg keine Zukunft haben. Das Schrannengebäude wurde am 17. November 1944 durch alliierte Bomben schwer beschädigt und nach dem Krieg abgetragen – der Schrannenmarkt aber wiederbelebt.

KARL CEPEK
WEINGROSSHANDLUNG

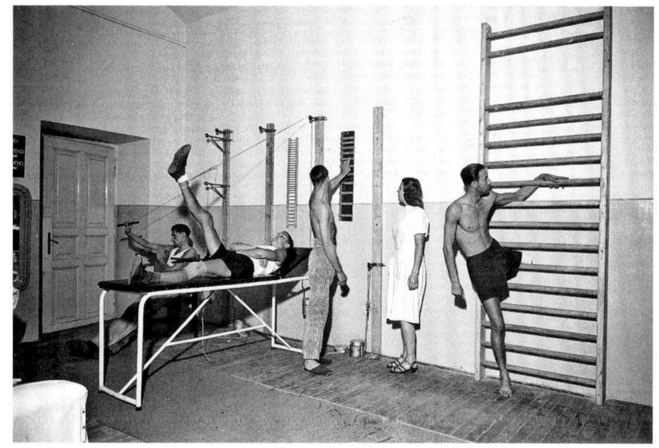

Kriegsversehrte und genesende kriegsverwundete deutsche Soldaten beim Sport, aufgenommen in der „Lazarettstadt“ Bad Gastein am 23. Juli 1943.

19

Aufnahmen von den verheerenden Schäden, die der erste Bombenangriff auf Salzburg am 16. Oktober 1944 im Kaiviertel verursacht hatte, dokumentiert zwischen dem 24. und 29. Oktober 1944. Das Kaiviertel wurde fast total zerstört.

Bombenschäden in der Pfeifergasse und an der Staatsgewerbeschule, aufgenommen zwischen 24. und 29. Oktober 1944.

Das Bürgerspital wurde beim ersten Bombenangriff am 16. Oktober 1944 schwer beschädigt, 15 Menschen kamen dabei ums Leben. Die Aufnahme entstand am 29. Oktober 1944.

Bombenschäden beim Nußdorfer Bauernhaus an der Gaisbergstraße in Parsch (heute Sonnleitenweg), wo Frieda und Heidrun Krieger beim dritten Bombenangriff auf Salzburg am 17. November 1944 den Tod fanden.

Der beim ersten Bombenangriff auf Salzburg am 16. Oktober 1944 schwer beschädigte Salzburger Dom, dessen Kuppel eingestürzt war. Im Inneren entstanden kaum weitere Schäden, die markante klaffende Wunde des Domes konnte aber erst nach zwei Jahren provisorisch abgedeckt werden. Die Aufnahme vom 29. Oktober 1944 zeigt die Wirkung der Vernebelung gegen Luftangriffe.

Der beim siebten Bombenangriff am 20. Dezember 1944 beschädigte Rainer-Obelisk vor dem Haupteingang zum Kommunalfriedhof, aufgenommen im Dezember 1944 oder Januar 1945.

Gauleiter Rainer und der berüchtigte SS-Obergruppenführer Odilo Globočnik (Mitte), HSSPF der „Operationszone Adriatisches Küstenland", bei einer Bootsfahrt in Venedig im Februar 1945. Globočnik, Gauleiter von Wien 1938/39, war als Leiter der „Aktion Reinhardt" zur Vernichtung der Juden im Generalgouvernement für die Vernichtungslager Belzec, Sobibor und Treblinka verantwortlich.

Generalfeldmarschall Albert Kesselring (2. v. r.), der den Rückzug der deutschen Truppen aus Italien organisiert hatte, traf im Februar 1945 in Triest Gauleiter Dr. Friedrich Rainer (rechts), General der Infanterie der Reserve Hubert Schaller-Kallide (Bildmitte) und HSSPF Odilo Globočnik (links mit Gattin Lore). Kesselring übernahm am 11. März 1945 den Befehl über die Westfront.

Ein Kriegsschiff im Hafen von Triest im März 1945. Triest war Sitz des Höheren SS- und Polizeiführers (HSSPF) der „Operationszone Adriatisches Küstenland", Odilo Globočnik, der in der Vertretung von Gauleiter und Reichsverteidigungskommissar Dr. Rainer auch mit der Organisation des von Hitler befohlenen Stellungsbaus in Norditalien betraut war.

Die Kinder von Dr. Friedrich Rainer im Schnee, aufgenommen im März 1945 vor der Villa Rainers in Pörtschach am Wörthersee. Im Haus des Kärntner Gauleiters fanden Anfang Mai 1945 die Sondierungsgespräche über die Übergabe der Regierungsgeschäfte an einen Vollzugsausschuss statt.

Ein Angriff auf Spittal an der Drau in den letzten Kriegswochen. Vom 16. Oktober 1944 bis 26. April 1945 wurde die Stadt 14-mal von britischen und amerikanischen Bombern angegriffen, elf Menschen fanden den Tod. Hauptziel der Luftangriffe waren der Bahnhof und die Bahnanlagen, der Schienenverkehr kam zum Erliegen.

Ein Treck mit Pferdewagen ungarischer Flüchtlinge dokumentiert das Flüchtlingselend zu Ende des Zweiten Weltkrieges. Das Foto aus Spittal an der Drau stammt von Ende April oder Anfang Mai 1945. Damals kamen rund 15.000 Ungarn mit ihren Familien und ihrer gesamten Habe nach Kärnten. Noch größer war die Zahl der nach Kärnten geflüchteten Kroaten und Slowenen, die im Mai 1945 ebenso ausgeliefert wurden wie rund 50.000 Kosaken, die die Briten der Sowjetarmee übergaben.

Einen Tag nach der Kapitulation der deutschen Armeen wurde Spittal an der Drau am 9. Mai 1945 kampflos den Briten übergeben. Die einmarschierenden Truppen waren Teile des Regiments „Kensington“, die von El Alamein über Sizilien, Monte Cassino und Bologna nach Spittal vorgerückt waren. Die Stadt und ihre Umgebung glich einem riesigen Heerlager. Im Bild ist das Entlassungslager, Zelte auf freiem Feld, im Mai 1945 zu sehen.
Das „Tausendjährige Reich“ hatte in Österreich nach sieben Jahren mit Tod und Zerstörung sein Ende gefunden.

FRANZ KRIEGER ALS DOYEN DER SALZBURGER PRESSEFOTOGRAFEN

IM FEBRUAR 1946 KEHRTE FRANZ KRIEGER nach Salzburg zurück und übernahm für seine erkrankte Mutter die kaufmännische Führung der Eisen- und Waffenhandlung Krieger. Die Kammer der Gewerblichen Wirtschaft bestätigte ihm 1949 den Besitz des „Großen kaufmännischen Befähigungsnachweises" und drei Jahre später, 1952, konnte der Enkel des Gründers das 75-jährige Firmenjubiläum feiern. Franz Krieger vertrat zudem den Salzburger Waffenhandel in der Fachgruppe des Bundesgremiums und wurde 1959 als Kammerfunktionär mit der Silbernen Ehrenmedaille ausgezeichnet.

AM 26. JANUAR 1953 VERSTARB KAROLINE KRIEGER, ihr Sohn übernahm nun allein den Betrieb und baute diesen weiter aus. Er erwarb einen Gewerbeschein für den Gemischtwarenhandel und übersiedelte schließlich das Spezialgeschäft für feine Stahlwaren, Waffen, Munition und Geschenkartikel sowie Feuerwerkskörper im April 1972 von der Churfürststraße in das ehemalige Firmenmagazin an der Wiener Philharmoniker-Gasse 3.

Franz Krieger mit Gattin und Sohn sowie seinem Jagdhund, aufgenommen am 12. Juli 1948 in Nußdorf am Attersee.

KRIEGERS ZWEITE GATTIN schenkte 1947 dem Sohn Franz Leopold und drei Jahre später der Tochter Elisabeth das Leben. In der Besatzungszeit und der Phase des Wiederaufbaus widmete sich Krieger seiner Familie, die 1956 in ihr Haus in der damaligen Hofhaymerallee 44 (später Hellbrunner Allee 4) übersiedelte, und seiner Jagdleidenschaft. Er pachtete die Jagd in Oberwang im Bezirk Vöcklabruck und später am Hochgründeck bei Bischofshofen.

AUCH SEIN ENTHUSIASMUS FÜR DIE FOTOGRAFIE blieb bestehen. Krieger beklagte zwar den kriegsbedingten Verlust eines Teiles seines Fotoarchivs (ein Album mit 214 Fotos von 1941 wurde 2011 in den USA versteigert) und der ihm bei Kriegsende abgenommenen „3A Leica", doch waren ihm seine Standard-Leica, zahlreiche Unikate und Privatnegative erhalten geblieben. Nach dem Krieg fotografierte er weiter, was ihm „an aktuellen Geschehnissen für die Zeitgeschichte von Wert erschien". Er fotografierte Festspielkünstler, Politiker, den Klerus sowie Sportler und Idole. Weitere Hauptmotive waren seine Familie, die ihn umgebende Natur und – als leidenschaftlicher Waidmann – natürlich auch viele Jagdszenen oder Motive rund um die Jagd, wie die Einweihung der Hubertuskapelle in Salzburg-Aigen.

AM 5. NOVEMBER 1948 ließ sich Franz Krieger eine Kopie seines Gewerbescheins für „Pressephotographie" ausstellen und wurde im Februar 1949 wieder in den Mitgliederkataster der Kammer der Gewerblichen Wirtschaft Salzburg eingetragen. Als freier Pressefotograf blieb er bis ins hohe Alter aktiv. Bildjournalistische Artikel und Schmuckbilder erschienen im „Alpenjournal" und aktuelle Aufnahmen sowie retrospektive Archivbilder zu zeitgeschichtlichen Artikeln laufend im Salzburger Volksblatt und nach dessen Einstellung auch in den Salzburger Nachrichten. Durch diese Veröffentlichungen in den führenden Salzburger Tageszeitungen und in zeitgeschichtlichen Publikationen von Ernst Hanisch wurde der große inhaltliche Wert des „Fotoarchivs Franz Krieger" allgemein bekannt. Besonders für die ersten Jahre der NS-Herrschaft in Salzburg beinhaltet die Sammlung eine Vielzahl an Unikaten, wie etwa die immer wieder

Weihnachtsgrußkarte der „Kriegerischen" von 1954.

abgedruckten Fotos der Bücherverbrennung auf dem Residenzplatz am 30. April 1938. Zeitlich noch breiter gestreut war jenes Bildmaterial Kriegers, das in die ab 1987 mehrfach nachgedruckte „Salzburg Synchronik" von Josef Brettenthaler einfloss. Der grafische Gestalter und Bildredakteur dieses Werkes, Werner Hölzl, nahm sich bei der Fotoauswahl die Zeit, auch Kriegers interessante „Geschichten zu den Bildern zu hören" und fand dadurch einen sehr guten Zugang zu dem bisweilen auch als „schwierig" geltenden Altmeister und Doyen der Salzburger Pressefotografen. Krieger war sich des großen Wertes seines Bildarchivs bewusst und durch den Ärger über den ungenehmigten Abdruck vieler seiner Unikate und das Feilschen um entsprechende Honorare vorsichtig geworden. Wohl auch deshalb stellte er nur Positive als „Unikate" zur Verfügung und gab die durchaus vorhandenen und gut sortierten Negativstreifen nie aus der Hand. Das „Fotoarchiv Franz Krieger", das seit der Übergabe durch den Erben im Jahr 2004 einen wichtigen Bestandteil des „Hauses der Stadtgeschichte" in Salzburg bildet, umfasst rund 2000 Positive und mehr als 35.000 Negative.

Der Waidmann Franz Krieger vor seinen Jagdtrophäen im Jahr 1976.

Franz Krieger mit seiner Leica (mit Rahmensucher), Selbstportrait vom Dezember 1978.

NOCH ZU LEBZEITEN konnte sich Franz Krieger über Würdigungen seiner fotografischen Leistungen freuen. 1973 ehrte ihn die Innung für seine 35-jährige berufliche Tätigkeit und damit als ältesten Pressefotografen Salzburgs. 1980 erhielt er in Würdigung seiner großen Verdienste als Pressereporter und Fotograf den Bürgerbrief der Landeshauptstadt Salzburg. Drei Jahre später, 1983, wurde Franz Krieger in den Almanach „Geschichte der Fotografie in Österreich" aufgenommen. Seine Pressefotos wurden in der gleichnamigen Ausstellung im „Museum des 20. Jahrhunderts" gezeigt und er selbst feierte unter der von ihm gewählten, bekannten Devise „Ein Bild spricht mehr als tausend Worte!" bereits ein halbes Jahrhundert im Fach der Pressefotografie tätig zu sein.

ZU DIESER ZEIT WAR ER – vor allem als Bilddokumentar der Altstadt – noch immer als freier Pressefotograf tätig. So hielt er am 30. September 1985 den Auszug der Polizeidirektion aus der Churfürststraße als historisches Ereignis fotografisch fest – es war dies eine der letzten Bildreportagen von Franz Krieger, der am 3. August 1993 im 80. Lebensjahr in Salzburg verstarb.

Franz Krieger in seinem Arbeitszimmer am 17. Mai 1981 mit seiner „Presse"-Kamera vom Anfang der Dreißigerjahre, einer Nagel-Vollenda 3x4, Radionar F:4.5 / 1/25–1/100. Die Wände zieren Krieger-Fotos, darunter aus der Zeit als Kriegsberichterstatter.

Franz Krieger bei einer seiner letzten Bildreportagen am 30. September 1985 vor der ehemaligen Bundespolizeidirektion an der Churfürststraße.

Franz Krieger im Juni 1986, Passfoto.

1918-1945
KRIEG
Nein Niemals!
1
Versprechen und Halten ist zweierlei?
Wir Sozialisten können stolz sagen:
„Volk von Österreich, wir haben dich nie getäuscht!“
darum wähle SPÖ
2
Versprechen und Halten ist zweierlei?
darum wähle SPÖ
Schluß mit den Hüten
wir brauchen Köpfe
DARUM WÄHLE DIE SOZIALISTISCHE PARTEI
3
Versprechen und Halten ist zweierlei?
Wir versprachen 1918 menschenwürdige Wohnungen und Familienfürsorge.
Wir hielten es dort, wo ihr uns die Macht gabt!
darum wähle SPÖ
4
Versprechen und Halten ist zweierlei?
Wir zogen nie als Demokraten aus und kehrten als Faschisten heim
darum wähle SPÖ
Vom Bauernsohn zum Staatskanzler
Dr. Karl Renner
ÖSTERREICHER, denkt daran!
Wählt am 25. November 1945:
Sozialistische Partei!

Nach Kriegsende fotografierte Franz Krieger erneut Wahlplakate. Hatte er 1938 die Aufrufe für ein selbstständiges Österreich bzw. den Anschluss an Hitler-Deutschland bildlich festgehalten, so waren es nun Plakate der Sozialistischen Partei (SPÖ) für die erste Nachkriegs-Nationalratswahl am 25. November 1945.

Anlässlich des ersten Jahrestages der Beendigung des Krieges in Europa veranstaltete die 42. Infanterie-(Rainbow-)Division am 8. Mai 1946 auf dem Residenzplatz eine Militärparade.

Im Rahmen der Heimatwerkschau „Altes Vorbild – neues Schaffen“ auf der Festung Hohensalzburg fanden am 25. August 1946 eine Brauchtumsveranstaltung und eine Modenschau im Burghof statt, die von der Salzburger Bevölkerung und auch von US-Soldaten besucht wurde. Die Lungauer Erzeugerfirma Podhajski zeigte Erzeugnisse aus heimischem Material.

Lucas Suppin (ganz links), neben ihm „Bacchant“ Hugo Lindinger, der bekannte Volksschauspieler und Festspielkünstler, und im Kimono der Maler Rudolf Dimai.

Der Maler Lucas Suppin bei der Vorbereitung der „urwald-mäßigen“ Dekorationen für ein Faschingsfest im Künstlerhaus am 15. Februar 1947.
Ein von Franz Krieger fotografiertes Erinnerungsalbum hat sich als Zeitdokument erhalten.

Zu den immer wieder publizierten Bildern Franz Kriegers gehören jene, die das Zusammenleben der USFA-Soldaten mit der Zivilbevölkerung zeigen: USFA-Soldaten auf der Terrasse des Café Tomaselli im April 1947. Sie verteilen Süßigkeiten an bloßfüßige Salzburger Schulkinder.

Baufortschritt bei der Wiedererrichtung der im Bombenkrieg zerstörten Domkuppel. Das Bild wurde am 27. Juli 1947 aufgenommen. Am selben Tag fand am Domplatz der „Jedermann“, wieder mit Attila Hörbiger in der Hauptrolle, statt.

Das Flüchtlingslager in den Ruinen des ehemaligen „Hôtel de l'Europe“ und Vermisstensuchanzeigen am Salzburger Hauptbahnhof, aufgenommen Ende September 1947.

Dokumentationsbilder des Elektrischen Aufzuges auf den Mönchsberg, angefertigt am 1. Juli 1948 angesichts der bevorstehenden Demontage des seit 1890 in Betrieb stehenden Aufzuges. Am 26. September 1948 hatte der neue, im Berginneren geführte elektrische Mönchsberglift seinen Probebetrieb, zwei Tage später hielt man dem alten Außenlift ein letztes Ständchen und begann mit seiner Abtragung.

Am 15. August 1948 wurde die vom Landes-Trachtenverband Salzburg durchgeführte „Volkstumswoche" mit einem großen Trachten-Festzug durch die Stadt abgeschlossen. Salzburg hatte seit mehr als einem Jahrzehnt kein derartiges Fest erlebt. An der Spitze des Festzuges marschierten die „Bergkräutler", die ihr 50. Gründungsfest begingen, und besonderen Beifall bekamen die im Festzug vertretenen Gruppen der heimatvertriebenen Siebenbürger-Sachsen und Donauschwaben sowie die Südtiroler in ihren heimischen Trachten.
In der Stadt Salzburg gab es zu Kriegsende rund 66.000 Flüchtlinge, darunter eine sehr große Gruppe an Volksdeutschen, die Zahl der Ausländer und Flüchtlinge hatte sich bis 1948 auf knapp 29.000 Personen verringert.

Bilder vom Eröffnungsschießen am Landeshauptschießstand beim Stanzinghof in Glasenbach am Ostermontag 1949.

35.000 Menschen nahmen am 26. Mai 1949 am Domfest anlässlich der Domkreuz-Aufsteckung teil. Nach einem großen Festzug nahm Fürsterzbischof DDr. Andreas Rohracher die Weihe des 100 Kilogramm schweren, vergoldeten Kuppelkreuzes vor, das auf die wiederhergestellte Domkuppel aufgezogen wurde.

Am 1. Juli 1949 wurde die nach neunjähriger Bauzeit fertig gestellte neue Staatsbrücke in Anwesenheit von Bürgermeister Anton Neumayr (oben rechts, mit Blumenstrauß) feierlich eröffnet und offiziell ihrer Bestimmung übergeben. Die Einweihung der Brücke nahm Weihbischof Dr. Johannes Filzer vor.

Auch die Errichtung der Bausparersiedlung Herrnau steht für die Wiederbelebung der Baukonjunktur nach dem Zweiten Weltkrieg. Die Wohnanlage mit knapp 80 Wohneinheiten, darunter 57 Eigenheimen, auf rund 25.000 Quadratmeter Grundstücksfläche, wurde nach Plänen von Architekt Otto Ponholzer erbaut. Franz Krieger hielt den Baufortschritt und die Firstfeier im Spätsommer 1949 mehrfach bildlich fest. Die Siedlung Herrnau wurde am 5. August 1950 feierlich eröffnet.

Am 28. Juli 1951 eröffnete Bundespräsident Dr. Theodor Körner im Zwerglgarten die von der Stadt Salzburg und der Salzburger Kulturvereinigung durchgeführte Ausstellung „Österreichische Plastik von 1900 bis 1950" mit Werken österreichischer Künstler, darunter auch des „Bildhauers des Führers" Josef Thorak. Die Ausstellung zählte bis 7. Oktober mehr als 5000 Besucher, einige moderne Künstler lehnten die Teilnahme demonstrativ ab.

Wasservogeljagd am Leopoldskroner Weiher, aufgenommen am 17. September 1953.

Einweihung der Hubertuskapelle im Schlosspark von Aigen durch Weihbischof Dr. Johannes Filzer am 26. September 1954. Weihbischof Filzer zelebrierte bis zu seinem Tod im Jahr 1962 die alljährliche Hubertusmesse zum Gedenken an die verstorbenen Mitglieder der Salzburger Jägerschaft in dieser Aigner Kapelle.

Wenige Tage nachdem der letzte amerikanische Besatzungssoldat am 25. Oktober 1955 Österreich verlassen hatte, fand eine Besichtigung von Camp Roeder statt. Die Großkaserne der US-Streitkräfte in Wals-Siezenheim war im Dezember 1951 eröffnet worden und trug den Namen von Captain Robert E. Roeder, einem 1944 in Italien gefallenen und hochdekorierten Kompaniekommandanten der 42. US-Infanteriedivision. Zur amerikanischen Militärstadt zählten auch 37 Wohnhäuser und eine Schule für Familienangehörige der Streitkräfte. Die Kaserne stand seit 15. Oktober 1955 unter österreichischer Verwaltung und wurde am 6. Dezember 1955 in Schwarzenbergkaserne umbenannt.

Der Gasthof Sternbräu an der Griesgasse war beim ersten Bombenangriff auf Salzburg beschädigt und nach dem Krieg als Clublokal der USFA genutzt worden.
Die Rückstellung an die Österreichische Brau AG durch die Amerikaner erfolgte im Oktober 1949, die „Sternbräu-ruine" blieb aber noch länger erhalten, wie diese Bilder von den Sanierungsarbeiten im Jänner 1956 dokumentieren.

Im neu gestalteten Foyer des Festspielhauses wurden am 21. Juli 1956 in Anwesenheit von Bundespräsident Dr. Theodor Körner, Landeshauptmann Dr. Josef Klaus, Landeshauptmann-Stellvertreter Franz Peyerl und Bürgermeister Stanislaus Pacher die Salzburger Festspiele 1956 feierlich eröffnet. Durch eine Um- bzw. Rückgestaltung durch Professor Alberto Susat zeigte sich das Foyer nach 17 Jahren erstmals wieder in seiner ursprünglichen Gestalt mit den bekannten, 1939 abgenommenen Fresken von Anton Faistauer.

Bundespräsident Dr. Theodor Körner übergab am 21. Juli 1956 das neue Hallenschwimmbad im Kurhaus und auch das Kurmittelhaus ihrer Bestimmung. Am Abend wurde das Hallenbad mit einer internationalen Schwimmkonkurrenz offiziell in Betrieb genommen. Am folgenden Tag stand das „Paracelsusbad“ erstmals der Öffentlichkeit zur Verfügung. Der Wirtschaftsaufschwung ermöglichte umfangreiche Investitionen in allen Wirtschaftsbereichen und großangelegte Infrastrukturprojekte.

Im Rahmen einer Feier weihte Erzbischof DDr. Andreas Rohracher am 18. April 1958 den Grundstein und den Bauplatz für die zukünftige Stadtpfarrkirche St. Erentrudis in Herrnau sowie das unmittelbar daneben entstehende Kloster der Eucharistinerinnen. Der Grundstein stammte aus den Trümmern des 1944 teilweise bombenzerstörten Salzburger Domes. Die neue Kirche wurde am 18. Juni 1961 geweiht und zur Stadtpfarre erhoben.
Erster Seelsorger der neuen Pfarre wurde Franz Kriegers Matura- und Studienkollege Josef E. Tomaschek.

Nur wenige Monate nach der Weihe der jüngsten Stadtpfarrkirche Sankt Erentrudis in Salzburg-Herrnau erhielt das Gotteshaus seine vier neuen, insgesamt 4260 Kilogramm schweren Glocken. Die Glocken mit den Namen Christophorus, Josef, Georg und Maria wurden von DDr. Andreas Rohracher am 5. November 1961 in Anwesenheit von Bürgermeister Alfred Bäck, Vizebürgermeister Hans Donnenberg und Erzabt Franz Bachler von St. Peter geweiht.
Im linken Foto steht hinter den Glocken Stadtpfarrer Josef E. Tomaschek.
Im Bild von der Weihe (unten) sind v. l. n. r. folgende geistliche Würdenträger zu sehen: Dompfarrer und Stadtdechant Prälat Josef Feichtner, Stadtpfarrer Tomaschek, Erzbischof Rohracher und der damalige erzbischöfliche Zeremoniär Dr. Johannes Neuhardt.

Ende der fünfziger Jahre erfolgten in der Stadt Salzburg umfangreiche Investitionen in den Bereichen Kultur und Fremdenverkehr, die einen Modernisierungsschub bedeuteten, wie der Ausbau des Flughafens, die Elektrifizierung der Festungsbahn und der Neubau des Festspielhauses. Architekt Clemens Holzmeister (links) besichtigte am 25. April 1958 mit Dr. Fritz Bock, Minister für Handel und Wiederaufbau (Mitte), die Baustelle an der Hofstallgasse. Das neue Große Festspielhaus wurde im Juni 1960 feierlich eröffnet.

„Delikatessen Fanny Haindl" am Alten Markt 11 am 10. Januar 1962, aufgenommen kurz vor der Geschäftsschließung. Der Traditionsbetrieb hatte hier seit 1927 seinen Standort, damals war eine Filiale der Selchwarenhandlung Eduard Haindl, Linzer Gasse 11, eröffnet worden.

Das Geschäftsportal der Fa. Franz Krieger an der Churfürststraße, aufgenommen im Juli 1963.

Am 26. Juli 1964 wurde in Beisein von Bundespräsident Dr. Adolf Schärf (im Bild unter dem Sonnenschirm sitzend) das Freibad Leopoldskron seiner Bestimmung übergeben. Die neue Badeanlage auf über 38.000 Quadratmeter Fläche hatte damals das größte Erholungsbecken Österreichs. In der Anlage waren u. a. 420 Bäume, fast 15.000 Sträucher und 10.000 Sommerblumen gepflanzt worden.

Das Salzburger Museum Carolino Augusteum wurde am 3. Mai 1967 von Bundespräsident Franz Jonas in Anwesenheit von 200 Festgästen wieder eröffnet. Die Segnung des neuen Gebäudes nahmen Erzbischof DDr. Andreas Rohracher und Superintendent Emil Sturm vor. Im linken Bild (v. l. n. r.): Landeshauptmann Dipl.-Ing. Dr. Hans Lechner, Bundespräsident Franz Jonas, der Direktor des Salzburger Museums Carolino Augusteum Univ.-Doz. Dr. Kurt Willvonseder und Bürgermeister Alfred Bäck.

Am 8. und 9. Mai 1969 besuchte die englische Königin Elisabeth II. im Rahmen eines Staatsbesuches in Begleitung ihres Gemahls und ihrer Tochter, Prinzessin Anne, Salzburg. Die hohen Gäste wurden am Hauptbahnhof von Landeshauptmann Dipl.-Ing. DDr. Hans Lechner und Bürgermeister Alfred Bäck begrüßt und danach durch die fahnengeschmückte Stadt nach Kleßheim gefahren. Am Abend wurde ein Empfang in der Residenz gegeben und am zweiten Tag ihres Aufenthaltes besuchten die königlichen Gäste Mozarts Geburtshaus und unternahmen einen Stadtrundgang.

Jedermann-Probe am Domplatz mit Curd Jürgens als „Jedermann", aufgenommen am 26. Juli 1973, mit prominenten Zuschauern. Auf der Jedermann-Tribüne verfolgten Regisseur Ernst Haeussermann und Herbert von Karajan die Probe.

Festspielsommer 1978: Jedermann Maximilian Schell und Buhlschaft Senta Berger, aufgenommen am 27. Juli 1978.

Im September 1980 fand auf den Freisaalgründen ein Open-Air-Festival statt, dessen Abhaltung nicht unumstritten war. Der Stadtmagistrat hatte zunächst eine Durchführung des Festivals am Glanspitz untersagt, dann aber nach Demonstrationen von Jugendlichen den Standort Freisaal ermöglicht.

Mit einem Festakt im Mozarteum und einer Großkundgebung am Alten Markt feierte die Salzburger FPÖ am 16. Mai 1981 ihr 25-jähriges Bestehen. Dazu waren auch die Spitzen der Bundespartei nach Salzburg gekommen, darunter mehrere Politiker, die ab 1983 der Bundesregierung angehörten. Am Rednerpult der Salzburger Vizebürgermeister Dr. Waldemar Steiner, rechts von ihm der Nationalratsabgeordnete Dr. Friedhelm Frischenschlager, der nachmalige Vizekanzler Dr. Norbert Steger und der spätere Justizminister Dr. Harald Ofner sowie der langjährige Bundesparteiobmann der FPÖ Dr. Friedrich Peter. Links von Dr. Steiner der spätere Staatssekretär Mario Ferrari-Brunnenfeld sowie der nachmalige dritte Präsident des Nationalrates Dr. Gerulf Stix. Bundesparteiobmann Dr. Norbert Steger ergriff auch den Taktstock.

Mit 30. September 1982 stellte das Druckhaus Kiesel an der Rainerstraße seinen Betrieb ein. Das Traditionsunternehmen, das im Mehrheitseigentum des Raiffeisenverbandes stand, hatte zuletzt 170 Mitarbeiter, die gekündigt wurden. Unter diesen befand sich auch Robert Brandstätter, den Franz Krieger am 29. September bei seinem letzten Arbeitstag in der Setzerei fotografierte. An der Wand ist das im April 1933 von Hans Glaser in Erinnerung an den Gründer des „Salzburger Volksblattes“ Reinhold Kiesel gestiftete und von Karl Reisenbichler geschaffene kolossale Sgraffito mit Szenen aus der Verlagsgeschichte zu sehen.

Anlässlich seiner Teilnahme an den Festspielen 1983 wurde Bundespräsident Dr. Rudolf Kirchschläger am 25. Juli 1983 am Salzburger Residenzplatz mit militärischen Ehren begrüßt. Zu seinem Empfang hatten sich der Bundesminister für Landesverteidigung Dr. Friedhelm Frischenschlager, Landeshauptmann Dr. Wilfried Haslauer, Landesrat Ing. Friedrich Mayr-Melnhof und – hier bei der Begrüßung des Bundespräsidenten im Bild – der Salzburger Polizeidirektor Hofrat Mag. Hans Biringer eingefunden. Das Staatsoberhaupt schritt gemeinsam mit Verteidigungsminister und Landeshauptmann die Ehrenformation des Bundesheeres ab.

Polizeidirektion Salzburg
ndespolizeidirektion Salzburg

Anlässlich des Auszuges der Polizeidirektion aus dem Toskanatrakt an der Churfürststraße machte Franz Krieger am 30. September 1985 eine seiner letzten Bildreportagen. Er dokumentierte das Abschiedsfest im Innenhof des Toskanatrakts der Residenz und Polizeidirektor Hofrat Mag. Hans Biringer beim Bieranstich. Zudem fotografierte er jene Tafel, die sich bei der Demontage des Schildes der Bundespolizeidirektion über dem Haupttor fand, nämlich das alte Polizeischild mit dem schwarzen doppelköpfigen, nimbierten Adler mit Bindenschild aus der Zeit des „Ständestaates", also jener Zeit, in der Franz Krieger – vor damals bereits mehr als 50 Jahren – mit dem Fotografieren tagesaktueller Ereignisse begonnen hatte.

QUELLEN UND LITERATUR ZU LEBEN UND WERK

Stadtarchiv Salzburg: Gewerbeakt und NS-Registrierungsakt Franz Krieger; Gewerbeakten Anny Madner, Otto Wernhard, Viktor und Maria Strobl.

Bundesarchiv Berlin, Abteilung R – Deutsches Reich: Heiratsakte Franz Krieger des SS-Rasse- und Siedlungshauptamtes.

Familie Dkfm. Franz Krieger: Familiendokumente und private Aufzeichnungen von Franz Krieger.

Josef Brettenthaler, Salzburgs SynChronik. Bildredaktion und Gestaltung Werner Hölzl, Salzburg 1987.

Günter R. Daghofer, „Der Schattenfänger". Franz Krieger und die Salzburger Hubertusrunde, Salzburg 2012.

Ehrentafel verdienter Bürger, in: Amtsblatt der Landeshauptstadt Salzburg Nr. 12/1980, S. 11.

Roland Floimair (Hg.), Lesebücher zur Geschichte Salzburgs, Bd. 2: Nationalsozialismus und Krieg, Salzburg 1993.

Franz Krieger: 40 Jahre Pressefotograf, in: Salzburger Volksblatt, 24. 11. 1973, S. 17.

75 Jahre Eisenhandlung Krieger, in: Amtsblatt der Landeshauptstadt Salzburg Nr. 4/1952, S. 5.

Geburtstage (70. Geburtstag von Franz Krieger), in: Salzburger Nachrichten, 11. 1. 1984, S. 6.

Geschichte der Fotografie in Österreich. Bd. 1, hg. v. Verein zur Erarbeitung der Geschichte der Fotografie in Österreich. Ausstellungskatalog, Bad Ischl 1983.

Ernst Hanisch, Nationalsozialistische Herrschaft in der Provinz, Salzburg im Dritten Reich (Schriftenreihe des Landespressebüros. Salzburg Dokumentationen 71), Salzburg 1983.

Ernst Hanisch, Die nationalsozialistische Herrschaft 1938–1945, in: Heinz Dopsch und Hans Spatzenegger (Hg.), Geschichte Salzburgs. Stadt und Land. Bd. II/2, Salzburg 1988, S. 1121–1170.

Ernst Hanisch, Gau der guten Nerven. Die nationalsozialistische Herrschaft in Salzburg 1938 bis 1945, Salzburg–München 1997.

Werner Hölzl, Meine Begegnungen mit Herrn Dkfm. Franz Krieger (Manuskript), Salzburg 2005.

Gert Kerschbaumer, Biografien, auf: www.stolpersteine-salzburg.at

Peter F. Kramml, Stefan Zweigs Stieftochter Suse von Winternitz (1910–1998) und die Anfänge der Pressefotografie in Salzburg, in: Salzburg Archiv 32 (2007), S. 325–340.

Peter F. Kramml, Sabine Veits-Falk, Thomas Weidenholzer und Ernst Hanisch (Hg.), Die Stadt Salzburg im Nationalsozialismus. Bde. 1–6 (Schriftenreihe des Archivs der Stadt Salzburg 28, 31, 35, 37, 40 u. 43), Salzburg 2010–2015.

Peter F. Kramml, „Sekundenprominenz" des Salzburger Stadtarchivs in der New York Times, in: Landesgeschichte aktuell Nr. 185, November 2011, S. 17–19 [über Versteigerung eines Krieger-Albums von 1941 in den USA].

Robert Kriechbaumer, Zwischen Österreich und Großdeutschland. Eine politische Geschichte der Salzburger Festspiele 1933–1944 (Schriftenreihe des Forschungsinstitutes für politisch-historische Studien der Dr.-Wilfried-Haslauer-Bibliothek, Salzburg Bd. 46), Wien–Köln–Weimar 2013.

Pamo Roth, Mein Opa, der Nazi-Fotograf, in: Kölner Stadt-Anzeiger, 8. 5. 2015, S. 20 f. [über Franz Roth]

Rolf Sachsse, Die Erziehung zum Wegsehen. Fotografie im NS-Staat, Dresden 2003.

Harriet Scharnberg, Judenbilder in Photographien der Propagandakompanien der Wehrmacht. Diss., Halle-Wittenberg (in Arbeit).

Günther Schneider, Dieser alte Krieger wird nicht müde, in: Salzburger Nachrichten, 11. 1. 1990, S. 15.

Timm Starl, Lexikon zur Fotografie in Österreich 1839 bis 1945, Wien 2005.

ABKÜRZUNGSVERZEICHNIS

BDM	Bund Deutscher Mädel
DAF	Deutsche Arbeitsfront
HJ	Hitlerjugend
KdF	Kraft durch Freude
KWHW	Kriegs-Winterhilfswerk
KZ	Konzentrationslager
NS	Nationalsozialismus/nationalsozialistisch
NSDAP	Nationalsozialistische Deutsche Arbeiterpartei
NSKK	Nationalsozialistisches Kraftfahrer-Korps
OKW	Oberkommando der Wehrmacht
Pg.	Parteigenosse
PK, P.K.	Propaganda-Kompanie
RAB	Reichsautobahn
RPA	Reichspropaganda-Amt
SA	Sturmabteilung
SAK	Salzburger Athletiksport-Klub
SDF	Sonderführer
SSC	Salzburger Schiclub
SS	Schutzstaffel
UFA	Universum Film AG
u. k.	unabkömmlich
US	United States
USFA	US Forces Austria
VF	Vaterländische Front